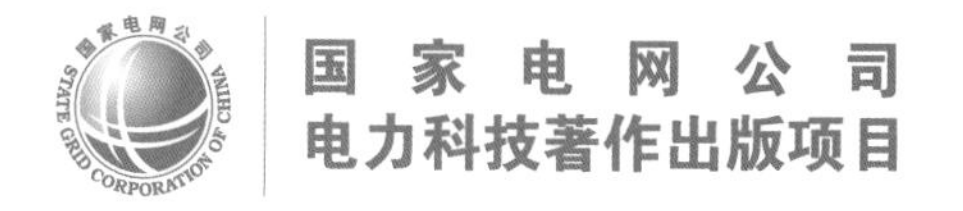

高海拔超高压电力联网工程技术

藏区变电站建筑风格

国家电网有限公司　组编

内 容 提 要

为全面总结自主研发、自主设计和自主建设的青藏、川藏和藏中电力联网工程的创新成果及先进经验，全方位反映高海拔超高压电力联网工程的关键技术和创新成果，特组织编写了《高海拔超高压电力联网工程技术》丛书。本套丛书主要以藏中电力联网工程为应用范例编写，包括四个分册，分别为《岩土工程勘察及其应用》《输变电工程设计及其应用》《长链式联网工程系统调试》《藏区变电站建筑风格》。

本分册为《藏区变电站建筑风格》，包括西藏自然环境及建筑风格、变电站建筑设计研究、藏区变电站建筑风格研究、藏中电力联网工程变电站建筑风格四章。

本套丛书可供从事高海拔地区超高压输变电工程及其联网工程设计、建设、施工、调试、运行等相关专业的技术人员和管理人员使用。

图书在版编目（CIP）数据

高海拔超高压电力联网工程技术. 藏区变电站建筑风格 / 国家电网有限公司组编. —北京：中国电力出版社，2021.10

ISBN 978-7-5198-5386-0

Ⅰ. ①高… Ⅱ. ①国… Ⅲ. ①高原–超高压电网–电力工程–变电所–建筑风格 Ⅳ. ①TM727

中国版本图书馆 CIP 数据核字（2021）第 033146 号

出版发行：中国电力出版社
地　　址：北京市东城区北京站西街 19 号（邮政编码 100005）
网　　址：http://www.cepp.sgcc.com.cn
责任编辑：翟巧珍（806636769@qq.com） 张　瑶（010-63412503）
责任校对：黄　蓓　常燕昆
装帧设计：张俊霞
责任印制：石　雷

印　　刷：北京博海升彩色印刷有限公司
版　　次：2021 年 10 月第一版
印　　次：2021 年 10 月北京第一次印刷
开　　本：787 毫米×1092 毫米　16 开本
印　　张：11.25　　插页　1
字　　数：183 千字
定　　价：125.00 元

版 权 专 有　侵 权 必 究

本书如有印装质量问题，我社营销中心负责退换

《高海拔超高压电力联网工程技术》

编　委　会

主　　任　辛保安

常务副主任　刘泽洪

副 主 任　王抒祥　刘　勤　葛兆军

委　　员　梁　旭　董　昱　丁　扬　张正陵
李锡成　李　俭　李　勇　刘晓明
杜金水　蔡德峰　易建山　李　正
李勇伟

《藏区变电站建筑风格》编审组

主　　编　王抒祥

常务副主编　李　俭

副 主 编　蔡德峰　张明勋　张亚迪

编写人员　龙小兵　廖亦莹　杨　芳　沈屹然　李晓强
颜　琪　田　立　熊志荣　刘宏超　刘胜利
彭宇辉　孙文成　王　赞　丛　鹏　刘振涛
甘　睿　车　彬　蔡绍荣　徐　健　王晓华
习学农　刘光辉　卢忠东　宓士强　游　川
罗春林　李　彬　刘　阳　薛　赛　母　磊
林嘉扬　童庆刚　陈沛华

审核人员　陈　钢　周　林　周　全　李屹立　张　力
吕文娟　张　强　李　明　张友富　苏朝晖
吴至复　甘　羽　李东亮　李明华　季　旭
蓝健均　王文周　黄华明　彭劲松　汪觉恒
颜　勇　吕　夷

前言

青藏高原是中国最大、世界海拔最高的高原，被称为“世界屋脊”，在国家安全和发展中占有重要战略地位。长期以来，受制于高原地理、环境等因素，青藏高原地区电网网架薄弱，电力供应紧缺，不能满足人民生产、生活需要，严重制约地区经济社会发展。党中央、国务院高度重视藏区发展，制定了一系列关于藏区工作的方针政策，大力投入改善藏区民生，鼓励国有企业展现责任担当，当好藏区建设和发展的排头兵和主力军。

国家电网有限公司认真贯彻落实中央历次西藏工作座谈会精神，积极履行央企责任，在习近平总书记“治国必治边、治边先稳藏”的战略思想指引下，于“十二五”“十三五”期间，在青藏高原地区连续建成了青藏、川藏、藏中和阿里等一系列高海拔超高压电力联网工程，彻底解决了藏区人民用电问题，在能源配置、环境保护、社会稳定、经济发展等方面发挥了巨大的综合效益，直接惠及藏区人口超过 300 万人。

高海拔地区建设超高压输变电工程没有现成经验，面临诸多技术难题。工程建设者科学认识高原复杂性，坚持自主创新应对高原电网建设挑战，攻克了一系列技术难关，填补了我国高海拔输变电工程规划设计、设备制造、施工建设、调试运行等技术空白，创新研发了成套技术及装备，形成了高海拔工程技术标准，指导工程安全建设和稳定运行，创造多项世界之最。

为系统总结高海拔超高压输变电工程技术方面的经验和成果，国家电网有限公司组织上百位参与高海拔超高压电网建设的工程技术人员，编制完成了《高海拔超高压电力联网工程技术》丛书。该丛书全面、客观地记录了高海拔超高压电网工程的主要技术创新成果及应用范例，希望能为后续我国藏区电网建设提供指导，为世界高海拔地区电网建设提供借鉴，也可为世界其他高海拔地区大型工程建设提供参考。

本套丛书分为 4 个分册，分别为《岩土工程勘察及其应用》《输变电工程设计及其应用》《长链式联网工程系统调试》《藏区变电站建筑风格》，由国家电网有限公司西南分部牵头组织，中国电力工程顾问集团西北电力设计院有限公司、中国能源建设集团湖南省电力设计院有限公司、国网四川省电力公司电力科学研究院等工程参建单位参与编制，电力规划设计总院、中国电力科学研究院有限公司、国网经济技术研究院有限公司、中国电力工程顾问集团西南电力设计院有限公司、国网西藏电力有限公司等单位参与审核，共约90余万字。本套丛书可供从事高海拔地区超高压电网工程及相关工程勘察设计、施工、调试、运行等专业技术人员和管理人员使用。

本套丛书的编制历时超过三年，凝聚着编审人员的大量心血，过程中得到了电力行业各有关单位的大力支持和各级领导、专家的悉心指导，希望能对读者有所帮助。电力工程技术是在不断发展的，相关实践和认知也在不断深化，书中难免会有不足和疏漏之处，敬请广大读者批评指正。

编　者

2021年7月

目录

第一章
西藏自然环境及建筑风格

西藏建筑设计思想，始终受到生存环境的制约及外来文化的影响。海拔处于4500m以上牧区的基本建筑形式是帐篷，即使有些许土木结构的建筑，也较为简单。

海拔处于3000～4500m的农区，其建筑结构比牧区复杂，功能要求更多，居住条件更为完善。

海拔处于2000～3000m的林区建筑，既富有农区建筑特色，又包含林区的特点。

但这三类地区无论如何变化，从其设计理念来说均紧扣其赖以生存的生活环境、生产技术条件及建筑材料三大主题，因此藏式建筑设计思想遵循因地制宜、就地取材、文化交融这一原则。本章从藏式建筑的地理人文环境出发，研究其历史各发展阶段，以构建对藏式建筑特征的初步印象。

第一节　藏式建筑艺术风格

一、独特、鲜明的地域性

（1）坚固稳定。高原藏区居住环境恶劣，宜建设的用地较少。为节约用地，建筑布局形式不水平延展，采用竖向发展的楼式平顶体系。为了抗风抗震，当地建筑基本为厚石墙体收分，小窗及封闭的碉式外形，在视觉上给人坚固稳定的感觉。墙体的砌筑方式通常采用三种：一是收分墙体，墙体下宽上窄，建筑重心不高，使建筑底盘很稳，稳定性得到保证；二是加厚墙体，生土与毛石是主要的墙体砌筑材料，为提高建筑的安全性从而加厚墙体，加固建筑；三是做边玛墙，在墙的上端用一种本地生长的边玛草，不仅有很好的艺术效果，而且也不增加墙体荷载。这三种方式对加强建筑的稳定性和安全性起到了相当重要的作用。

（2）装饰华丽。传统藏式建筑装饰的艺术手法主要有铜雕、泥雕、木雕、石刻、绘画等，通常做在建筑内的柱头、屋顶女儿墙、墙壁、门、窗等部位。柱头常采用雕刻和彩色绘画，屋顶女儿墙常做铜雕或挂经幡等。壁画往往是宗教题材的绘画。门上的如意头、角云子、铜门环和松格门框等，窗中的窗格、窗套和窗楣等，都集中体现了藏式传统建筑装饰艺术。

（3）色彩丰富。藏式传统建筑的用色、手法大胆细腻，多为大色块构图，简洁明快且有张力。常采用白、红、黄、黑四种单一的颜色。不同的颜色对应不同的象征意义，即息业用白色象征，增业用黄色象征，怀业用红色象征，伏业用黑色象征。所谓息业就是调息引起生病和魔怪的邪气；所谓增业就是增长寿命、福运、财运；所谓怀业就是统治人和非人；所谓伏业就是战胜敌人。可见在藏族传统绘画色彩运用上，依照了这样一种佛教理念。而民间对于这些色彩的表征有独特的见解，如民间认为白色有洁白无瑕之意，因而哈达为白色，以表达人们初见之时最诚挚的问候；宗教场所的室内装饰主色调常为黄色，而俗家室内装饰主色调不会选黄色，因而可推断黄色被当成尊贵、神圣场所独特的颜色，世俗之人无权使用这种色彩，达赖喇嘛出行时有仪仗队伍，仪仗队手执的伞盖，甚至坐轿都采用黄色；而红色常被视为权利的象征，如布达拉宫红宫的墙体为红色，而红宫供奉着历代达赖喇嘛的灵塔，意味着至高无上的尊严。

传统藏式建筑外墙、门、窗的颜色会因所在地区和建筑类型的不同而有所不同，各地有各自做法，但整体都展现出璀璨明艳和流光溢彩的色彩效果。

二、多风格兼容的包容性

从吐蕃王朝开始，西藏建筑艺术受到外来建筑艺术较为重要的影响。其中，汉地、印度、尼泊尔等地的影响尤为显著，如歇山顶、琉璃瓦等汉地的建筑元素在很多寺庙、宫殿建筑中被采用和出现。典型的实例有大昭寺（见图 1.1－1）和夏鲁寺（见图 1.1－2）。

图 1.1－1　大昭寺

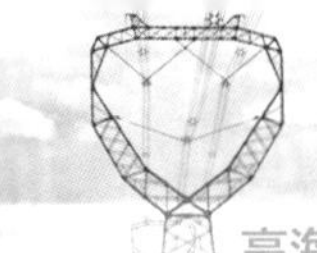

图 1.1-2　夏鲁寺

第二节　传统藏式建筑类型分析

一、宫堡建筑

（一）概况

宫堡建筑基于防御思想，依山而建、易守难攻，其中以布达拉宫（见图 1.2-1）为代表的建筑群建于山顶，与山脚俗家建筑呈居高临下的姿态。这座举世闻名的藏式宫殿，初建于公元 7 世纪，由吐蕃王朝的松赞干布提议修建，历经战火和自然灾害的洗礼，到公元 17 世纪，历时一千余年终于建成。在山体上修建规模如此庞大的宫堡建筑群，不仅体现了宗教建筑初始的防御功能，更重要的是宗教和政治权利的象征。布达拉宫中最重要的建筑是红宫和白宫。布达拉宫西侧的白色重楼是喇嘛念经和举行宗教仪式的场所；南侧山下是城垣围起的方城。

图 1.2–1　布达拉宫全景远眺

（二）白宫

白宫是一座主楼前有庭院及围廊的建筑群，共 7 层，平面大体为梯形状，主要是达赖喇嘛使用的寝宫和处理政务的地方。白宫透视实景图见图 1.2–2。

图 1.2–2　白宫透视实景图

布达拉宫白宫重建工程，由五世达赖喇嘛的总管第司索朗饶登主管，1645 年 4 月 1 日到 1648 年 4 月底，历时三年竣工。当时白宫所建的主要建筑有德央夏（东广乐殿）、德央鲁（西广乐殿）、灯玛觉（地祇女神甬楼）、结布觉（国王甬楼）、玉结觉（凯旋甬楼）、夏钦觉（东方护法甬楼）、白宫正中的崇青（厅堂）、楼顶背面的崇青和乘穷夏（东寝室）、乘穷鲁（西寝室）等。

（三）红宫

红宫共四层：一层设西有寂圆满大殿、持明殿、轿子库、灵塔殿等；二层设西有寂圆满大殿、灵塔殿、药师殿等；三层设灵塔殿、法王洞、经书库、无量寿佛殿、释迦能仁佛殿、时轮殿等；四层设灵塔殿、上师殿、殊胜三界殿、圣观音殿等。红宫透视实景图见图 1.2-3。

图 1.2-3　红宫透视实景图

布达拉宫是西藏历史上政教合一的权利象征，是历代达赖喇嘛的居所，藏区重要的宗教、政治活动在其举行。这些因素对布达拉宫建筑群的布局、层高、体量、装饰等功能均提出了很高的要求，使之成为藏区宫堡类建筑的精品。

布达拉宫是藏式建筑的杰作，从建筑学的角度给后人提供了许多探索、寻觅和遐想的空间。布达拉宫同时又是一个藏传统文化的博物馆，这里收藏的许多精品成为绝世佳作，闪烁着藏民族智慧的火花。

（四）空间特点

总的来说，建筑的空间可从远处看序列，也可进入其中体验空间序列关系。

站在红山脚下是观赏雄伟布达拉宫全景最好的视角。方城内民房，如传统依山型寺庙聚落一般，自然形成的空间尺度、朴实的外在形象相当精妙地衬托出了主体建筑。

走进宫殿，“无字碑”是宫门内中轴线上的第一个对景，信徒们用珠宝等蹭磨碑体祈福，并绕碑一周。

登上弯曲的大台阶，穿过大门内的曲折步道，慢慢踏入了明亮的天井，进入华美的二重宫门，随后进入幽黑的通道，通向开阔宽敞的“东欢乐广场”。

7层白宫迎面而来，一对金幢对称地点缀着的二层高深褚紫色檐，在深色的背景下显得流光溢彩。

登上三并梯，进入白宫的大门厅，大厅内有精致的亚字柱和梁枋，四周墙上绘有宗教和风俗的壁画，进入空间序列的节点。

从红宫的门厅，步入幽暗的通道，攀爬峭峻的木梯抵达西大殿，进入空间序列的全新高潮。

（五）小结

布达拉宫不仅展现了藏族传统建筑石木结构和碉房建筑的特色，并成功地将汉式殿堂中梁架、藻井、斗拱、歇山顶等元素与印度、尼泊尔极具宗教特色的祭坛式入口和法器装饰等元素完美融合，形成了别具匠心的藏式宫堡建筑风格。

总结归纳宫堡建筑具有以下建筑特点：

（1）多建于高地，多为群体建筑和聚落。

（2）建筑形体有明显收分。

（3）建筑色彩多用白色、藏红色、金色等。

（4）室外台阶多采用台基墙的形式。

（5）屋顶多为平顶，多采用藏红色边玛墙。

（6）建筑首层或底部一般不开窗。

（7）巴苏（窗楣、门楣）为传统样式，多带有垂帐式顶帘。

二、寺庙建筑

（一）概况

寺庙建筑是藏区除民居以外的建筑类型中数量最多、分布最广、具有代表性的建筑类型。寺庙建筑一般可分为日车、拉康和正规寺庙三类。

（1）日车　一般设在偏僻地段，僧侣们静修行用。

（2）拉康　独立于寺庙之外的佛堂，附设僧侣居室及转经用的“东康”[1]。

（3）正规寺庙　一般包括供佛、诵经的措钦（大殿）、佛堂、僧侣居住的“扎康”[2]等。大寺庙还有转经廊、辩经台、供跳神用的院落等。

布达拉宫虽属宫殿，但因其宗教作用突出，也兼有寺庙功能。

（二）藏式寺庙的代表

（1）桑耶寺。坐落在雅鲁藏布江北岸的桑耶寺是西藏第一座佛像、经典、僧人三宝齐全的寺庙，总建筑面积达 2.5 万 m^2。该寺庙是以印度古庙阿登达波日寺为模板，将汉地、西藏、印度的建筑风格融合一体的寺庙建筑。佛教认为，“世界以须弥山[3]为中心”，桑耶寺的主建筑是面朝东方的乌孜大殿，它就象征着须弥山，总建筑面积约 6000m^2，共 3 层，每层净高约 6m。三层楼分别为底层藏式、二层汉式、三层印度式三种样式。这种将多种样式融合并用的方式在建筑史上颇为罕见。桑耶寺远景图和近景图分别见图 1.2－4 和图 1.2－5。

---

[1] 东康：供信徒转经的场所。

[2] 扎康：僧侣们居住的地方。多采用院落式，一般为 2 层，也有单层的，被隔为若干间。

[3] 须弥山一词来自婆罗门教术语，后佛教引用，意思是宝山，居于天下之中。

图 1.2－4　桑耶寺远景图

图 1.2–5　桑耶寺近景图

（2）大昭寺。大昭寺是藏区最重要寺庙之一，坐落于拉萨市旧城区中心，坐东而面朝西，刚好与桑耶寺乌孜大殿相反，分南北两院。北院是主院，门廊平面呈“凹”字形，两边突出，中间形成小广场，香客们在这里行“五体投地”礼，宗教气氛很浓厚，也使得大昭寺显得更庄严。主殿觉康为北院布局的中心，其他房屋环绕四周。南院辅助传

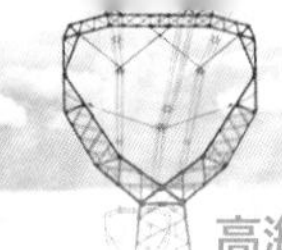

昭活动，由传昭机构、灶房、仓库等组成。大昭寺实景图和庭院图分别见图 1.2–6 和图 1.2–7。

图 1.2–6　大昭寺实景图

图 1.2–7　大昭寺庭院图

（3）白居寺。白居寺位于卫藏中部的江孜县城西端，在明朝时建造，建筑格局为寺塔合一，并以此著称。此寺坐西朝东，以措钦大殿、“十万佛塔”为中心，四周有扎仓、僧居等建筑。

措钦大殿坐北朝南，位于全寺的中央部位，为三层佛堂。“十万佛塔”以塔内刻画有十余万尊神像而得名，占地面积 2200m²，外观为 9 层，但是实际内部层数为 13 层。白居寺远眺外景图和近景图分别见图 1.2–8 和图 1.2–9。

图 1.2–8　白居寺远眺外景图

图 1.2–9　白居寺近景图

（三）小结

总结归纳寺庙建筑特点如下：

（1）多为群体建筑和聚落。

（2）建筑多分台，平顶合院建筑基座上部多有装饰华丽的阁楼。

（3）建筑色彩多用藏红色、金色等。

（4）阁楼屋顶多为歇山或四坡顶，屋面多采用铜质鎏金瓦，屋脊上均安装法幢等鎏金饰物。

（5）建筑基座多有红褐色或黑色边玛墙。

（6）建筑首层或底部一般不开窗。

（7）巴苏（窗楣、门楣）为传统样式，多带有垂帐式顶帘。

三、园林建筑

（一）藏式园林发展的三个阶段

西藏的传统园林起源于西藏远古部落时代的野外踏青活动，主要分为庄园园林、宗堡园林、寺庙园林三种类型。

（1）庄园园林。13 世纪的庄园一律高墙大院，以一幢碉堡式的多层建筑为中心，环境封闭又局促。因此，庄园主们会选择周边开阔地段修建避暑、游玩的场所，这就是庄园园林。当时的庄园园林以绿化为主，在郁郁葱葱的树林中有一组别致的小院。山南扎囊县囊色林庄园是最典型的庄园园林代表。

（2）宗堡园林。14 世纪的宗堡建筑多依山就势，平面随山势不规则展开，当时的官员们另选周边的平坦之地建造的园林，即为宗堡园林。宗堡建筑和宗堡园林随着“宗”[1]这个西藏特有的行政组织模式的消亡而消亡，现在没有留存完整的实例。

（3）寺庙园林。15 世纪，许多大寺院修建了寺庙园林。寺庙园林包括活佛住宅园林和辩经场，活佛住宅园林与庄园园林有异曲同工之妙，相当于禅房花园。辩经场通常是寺庙建筑的组成部分，是喇嘛们集体辩经的室外场地，也叫僧居园，典型的案例有拉萨三大寺（甘丹寺、哲蚌寺、色拉寺）和昌都强巴林寺的辩经场。

[1] 宗：西藏地区旧行政区划单位，大致相当于县。

（二）藏式园林特色

藏族园林已有几百年的历史，而且形成了自己的特色。特色主要表现在以下两方面。

（1）园林的设计主要为大面积树林和大片有花卉点缀的如茵草地，具有粗犷原野风光的特点。藏族人民素有滴花的传统，很早就开始从属地外引进花卉良种在园林里培育驯化。

（2）园林的形成一般为自然风景式，也有规整式或两者结合。园路以笔直的居多，较少蜿蜒曲折。园内或有引水凿池，但未见人工堆筑假山、创造地表凹凸的情况，更没有汉族园林繁复的堆山叠石，比如罗布林卡的园中之园的布局主要为自发形成，三处小园林之间缺乏有机的联系，也无明确的脉络和纽带，尚未能形成完整的规划章法和构图技巧。

（三）园林建筑特点

单纯的游赏性的园林建筑并不多，并且园林建筑体量较小，为的是以小尺度来协调园林的自然环境，也缺乏园林小品，如亭、廊、路面装铺，栏杆、花台等大都是模仿汉族甚至西方的形式，尚有待于融汇、创造和发展。

（1）多为两层藏式建筑，四面镂空。

（2）常用鎏金屋顶和装饰构件。

（3）檐墙用藏红色边玛墙，大门和柱则用红色，窗罩和门罩用白色，彩画用青绿色，大片的墙面采用黄色色调。

四、传统民居

（一）概述

藏族人民有着高山民族特有的生活习惯。建筑选址倾向于高坡要地，即使远离水源也在所不惜。松赞干布曾为了促进农业发展，将山上居民迁到河谷平地，使农民在田地边盖房定居，开垦平地为良田，并引水浇灌。

（二）民居布置特征

（1）节省用地，争取空间。青藏高原宜居宜建土地少，人们为节省用地、争取空间，创造和发展了楼式民居和梯级式毗连住宅。

1）楼式民居一般为2～3层，背坡而建，顺着等高线分层建筑，目的是通过增加建筑层数，实现使用功能的垂直分区，屋顶也被利用做晒场。在利用地形方面，藏族人民积累了很好的经验。楼式建筑缺点很明显：进出不便，总要上下楼梯；造价高，不利于防火。

2）梯级式毗连住宅顺着等高线毗连建筑，是充分利用地形，减少造价的另一种形式。缺点是有一面无采光、通风，并受山坡的朝向限制。

（2）室内布置及家具。藏式民居主要有两个功能空间：一个是人的空间——主室，另一是神的空间——经堂。普通百姓民居室内较阴暗，在传统的生活条件下，窗的功能有限，避风与采光难以万全。室内布置与装修往往是不施粉刷，主室较为朴素，只有经堂作雕刻装饰。富人家的经堂，还作油漆、彩画，更加华丽而清幽。

受气候的影响，为了方便取暖，当地居民所住的房间集众多功能于一体，卧室兼厨房，往往一家合住一室，日夜有火，只有喇嘛和客人才住在经堂或另一房里。

（三）民居住宅结构

不同地区结构形式有所不同，总结起来分以下三种：

（1）墙承重结构。全部荷载通过梁或椽子传递到内、外墙上，内墙和外墙连成一体，室内没有柱子。

（2）梁柱承重结构。土墙或石墙筑形成一个外墙筒，作为整座建筑的围护和稳定结构。室内用木梁、椽子承托楼面或屋顶，木梁之下用木柱支撑，柱位成纵横间距相等的方格，上下层相对。结构的缺点是：较大的房间室内有木柱；较大建筑物中，因为无分间墙支撑，外墙不能太长太高；不利于抗震。

（3）稳固墙身的结构方式。加厚基脚，基墙一体；逐层收分，增加转角，彼此固济。安置墙筋。

（四）民居装饰

（1）院墙色带。院墙色带是表达宗教派别的装饰形式。

一般地区民居院墙一般为土、石本色或白色，也有的地区院墙为深蓝灰色，墙檐嵌上白色条带，条带再涂上红色和深蓝灰色的色带，两者之间空为白色。这种如同“暴露框架”的外表，使整个地区形成深蓝底色，白色、土红格子状肌理，独树一帜。

也有的地区在房子白色的院墙四周、墙檐下画出黑色和土红色平行的色带。还有的地方，只在墙檐下画一条黑色色带，再在色带下、墙中间或窗上面画与它垂直的一尺长的黑色、土红色色带。

（2）布条。藏族民居的房顶上一般都插着挂有蓝、白、红、黄、绿五色布条的树枝，蓝色表示天，白色代表云，红、黄、绿分别象征火、土、水，以此传达吉祥的愿望。这些旗状布块，与门、窗口随风飘动的帘、幔一起形成生气勃勃的景象，这是藏族民居不同于汉族民居的外观特点。

（3）门窗饰。

1）巴苏：西藏建筑外窗一般为方形，窗顶会安装一层巴苏，巴苏是在窗过梁上以木作纵横枋 2～3 层，上长下短，逐层挑出的构件。巴苏不仅起装饰作用，还具有挡雨的功能。

2）巴卡：窗框两侧从巴苏下椽起到窗框下部作一梯形色带，多以重色为主，寓意辟邪驱魔。在外窗周边的这层梯形色带，藏语称之为巴卡。在门的两侧及门楣上方也涂一道黑色，或者将门全刷成黑色，在门上用白色画月亮，用红色画太阳。

（4）立面装饰。

1）边玛墙。红色边玛墙是传统西藏建筑最具代表性的特征，是藏族人民智慧的结晶。边玛墙是边玛枝干去皮、晒干，切成 30cm 长短，捆扎成手臂粗细垒砌而成的。墙体基本筑成后，在墙面上涂一层赭红色的颜料。

2）收分斜墙。传统西藏建筑以块石或泥土为主要砌筑材料，在砌筑过程中墙厚会随着高度的增加而减少，形成收分，使建筑外墙呈内倾感。收分斜墙可以使墙体重心降低，分散基础的压强，使墙体更稳固，同时具有特别的视觉效果，这也是藏式建筑的重要标识。

3）常用色彩。藏式建筑常常使用的色调主要为红、黄、白、蓝、黑、绿等，白色为纯洁吉祥的象征，红色为庄严和权力的象征，绿色代表祥和，黄色代表高贵，黑色代表威严。五色经幡布及其细节分别见图 1.2－10 和图 1.2－11。

图 1.2－10 五色经幡布

图 1.2－11 五色经幡布细节

（五）聚落形态

西藏最有代表性的聚落方式是宗教聚落。寺庙和民居共同发展，使寺庙成了村镇的自然中心，民居也得到相应建设。比较常见的是以下两种聚落形态：

（1）平川式寺庙和民居。以寺庙为中心，逐步发展起来。绝大多数民居的屋门都朝向大昭寺，表示了屋主人对佛的虔诚和向往，同时也方便转经朝佛。越是靠近寺庙的地方民居越密集，民居之间的关系没有一个统一的规划，民居之间形成的街道往往构成天然迷宫。

（2）依山式寺庙和民居。这种形式寺庙建在山上，居高临下，尊贵的地位从形式上就得到了印证，同时也方便旧时统治者监视民众和军事防御。民居则建在寺庙下面的山坡上，依山散落，簇拥在寺庙周围。

（六）单体类型

（1）帐房。即帐篷，是藏族人最主要的传统居住设施之一，帐房分为冬帐房和夏帐房。

1）冬帐房。平面呈方形，用牛毛织品制成，强度高、弹性好。与蒙古包的骨架穹窿结构相比，藏族帐篷为立柱拉索结构，是现代张拉膜结构的始祖，其抗大风措施值得借鉴。

藏式帐篷有时把折角处做成强烈对比色，如白底黑条带，不但有力地勾勒出了形体特征，而且强调了结构传力路线。

2）夏帐房。平面可为正方形和长方形。它使用白布、藏布、帆布等制成，四周有黑色、褐色、蓝色边。较大型的帐篷还装饰有各种图案花纹，如海螺、法轮、八珍图等，有浓厚的宗教色彩。

（2）冬居。冬居是牧民冬季收牧时的临时住所。平面呈方形，室内格局和帐篷相似。屋顶坡度平缓，有时铺木瓦。屋外砌牲畜圈栏。

（3）阿里高原窑洞。阿里地区相对藏区其他地方，地高天寒、干旱多风，缺乏木石材料，阿里人因地制宜地发展了洞穴式居室，但后来渐少。这些窑洞有正方形、长方形、圆形、椭圆形等。窑洞具有冬暖夏凉、经济省地等优点，但通风采光不好，也不易防潮。

（4）东部农民碉房。藏区东部为川西高原、横断山脉，其河谷地带气候较温暖，住房就建在农地边缘。

因藏区宜建用地较少，因此房屋注重竖向发展，层数较多，一般多为三层，底层为牧畜圈、草料房，二层为居住生活所需要的主要居室和经堂等，顶层为堆放粮食的敞间、晒坝等。在川北的四层楼房，二、三层为主要层，二层以冬室为主，三层以夏室为主，四层为经堂、晒坝等。房屋外观上高低错落、有虚有实，既朴实优美，又富于变化。

（5）拉萨市民碉房。拉萨民居多集中在以大昭寺为中心的旧市区，多为外廊式石木土混合构造的楼房，同样层数较多，一般有 2～3 层。内部结构为框架承重体系，2m×2m 柱网，外为石或土承重墙。梁柱多为木材，屋内净高 2.2m 左右。

民居一般配有院落。较大庭院于窗前用矮墙、树丛分隔出小的户外活动空间。拉萨碉房多为平顶，有些碉房上层楼体内收，下层楼顶可作阳台。

民居四周多窗，窗台低、上窗口高，窗面较大，顶部有窗檐。与农村较封闭的碉楼相比，这些民居显示出较高的生活水平和较安全的生活环境。

拉萨民居方正、整齐、朴实，白墙面、黑窗框，与冠戴金顶的大昭寺、位于小山上的布达拉宫形成和谐的整体。

（6）庄园与官寨。庄园建筑指以农奴主住宅为主要建筑的建筑群，外形就像庞大的堡垒，一般由几处封闭式的院落组成，楼层有三、四层的，也有六、七层的。

它们的共同特点是：主楼前带庭院；功能“上部为主，下部辅助”；从庭院直上主楼二层；主楼内有大佛殿。

五、传统藏式建筑基本特征

（一）传统藏式建筑特征分析

（1）地域的差异性。西藏建筑根据地理位置及气候条件的不同，大致分为拉萨地区、墨竹工卡地区、林芝地区、江孜地区、萨迦北寺旁、萨迦地区、山南地区、日喀则地区等不同建筑风格。

西藏民居因地制宜、就地取材，其受自然环境、生产条件、建筑材料等条件的约束。各地区的传统民居根据地形、气候条件，在屋顶形式、结构特点上各有不同，在墙体材料和砌筑方式上也各有特点。各种典型建筑形式见图 1.2-12，其中图 1.2-12（a）、（b）

受气候降水影响，(c)、(d) 受地理条件影响，(e)、(f) 受当地材料影响。

(a) (b) (c) (d) (e) (f)

图 1.2-12 各种典型建筑形式

(a) 坡屋顶；(b) 平屋顶；(c) 碉楼；(d) 围院；(e) 石墙建筑；(f) 夯土建筑

(2) 结构类型。总体来说，西藏建筑有砖式结构、夯土建筑、石墙建筑和木头建筑四种结构形式。

（3）建筑色彩。

1）色彩分析。西藏的矿物颜料是西藏传统文化的象征。色彩，来自对自然的崇拜，雪山、蓝天、白云、草原、森林、金黄的秋天——追求强烈的对比的审美取向（见图 1.2−13 和图 1.2−14）。

图 1.2−13　色彩绚丽的梁柱

图 1.2−14　色彩鲜艳的窗部构件

2）色彩和宗教。

a. 五色经幡：蓝（天），白（云），红（火），绿（水），黄（土）。

b. 建筑的外墙色彩：白色、红色（见图 1.2−15 和图 1.2−16）。白色代表纯洁，也是雪山的象征；红色象征庄严、权利；绿色象征祥和；黄色象征高贵；黑色代表威严、守卫、辟邪。

图 1.2–15　白红色调外墙

图 1.2–16　白红色调踏步

3）色彩与构造。

a. 墙体：白色、红色、黄色居多。

b. 边玛墙：黑色、红色宽色带，黄色的铜质镏金。

c. 窗框（巴卡）：深灰色。

d. 窗檐（巴苏）：蓝色、白色、红色、绿色、黄色、黑色。

e. 门窗罩：白色、黑色、黄色。

（二）藏式建筑特征总结及元素提取

（1）藏式建筑基本特征。藏式建筑主要有坚固稳定、形式多样、装饰华丽、色彩丰富和文化交融五大特征。

（2）藏式建筑元素提取。藏式建筑常采用门饰窗饰（巴苏）、窗框（巴卡）、边玛墙及墙体收分，外墙常采用标准的米白色（劳尔色卡号：RAL9016）、藏红色（劳尔色卡号：RAL3016）。藏式建筑元素如图 1.2－17～图 1.2－22 所示。

图 1.2－17　边玛墙

图 1.2－18　台基墙

图 1.2–19　五彩经幡

图 1.2–20　门窗装饰（巴苏）

图 1.2–21　装饰色彩

图 1.2-22　藏红色

第三节　现代藏式民用建筑

一、现代藏式民用建筑基本特点

每一个时代都赋予建筑物典型特征，我们称之为建筑的时代特征或者时代风格。当然，不同的时期特征（风格）也是不一样的，随着时间的推移，特征（风格）也会不断地在继承中发扬，在发展中创新，并且在自己民族建筑风格发展的轨迹上也会吸收借鉴周边地区和民族的先进文化，例如新的建筑文化及优美的建筑风格。建筑在演变过程中会不断完善自己的风格，使自己建筑文化的元素及寓意得以体现，于是就形成了时代性和民族特征。

建筑时代性划分的重要标志就是建筑的文化特征，建筑的文化特征的产生与当时社会的政治、经济和文化环境密不可分。现代藏式民用建筑特点受现代藏族社会环境的影响，其社会环境可以概括为：

（1）在社会制度上，封建制度、阶级等级被推翻，成为历史。

（2）新的技术手段的进步以及审美标准的改变。

这两者的协同作用使得藏式建筑的发展呈现出“百花齐放、百家争鸣”的繁荣景象，现代藏式建筑的基本风格是在打破传统建筑格局的基础上，初步形成了以民族文化元素为基础、以藏式建筑特点为基本风格、以吸收多元建筑文化素材为装点修饰、以现代建筑功能和时代特征相融合的现代藏式建筑设计理念。

二、现代藏式民用建筑案例研究

（一）西藏博物馆

在古代，欧洲地区最能反映当时建筑水平及风格的建筑为教堂，而在中国最能反映当时建筑水平及风格的建筑当属寺庙和宫殿。在现代，随着建筑多样化和建筑技术的发展，能反映现代建筑水平和风格的建筑种类很多，如酒店、高层办公楼、博物馆等，许多建筑都融入了当今最新的建筑科技和鲜明的建筑风格。

西藏博物馆位于拉萨市罗布林卡东南角，是西藏第一座具有现代化功能的博物馆，是现代藏式建筑的一种尝试。西藏博物馆建筑面积 15 000m^2，共 4 层，馆藏文物约 10 000 件。西藏博物馆大门与入口实景图分别如图 1.3－1 和图 1.3－2 所示。

图 1.3－1　西藏博物馆大门实景图

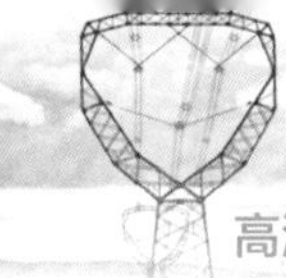

图 1.3–2　西藏博物馆入口实景图

西藏博物馆为混凝土框架结构建筑，是现代建筑最常见的建筑结构，墙体为砌块墙体。外墙墙面以贴装饰块石面砖和真石漆为主要装饰材料，颜色以红色和白色为主色，是藏区最传统、最常见的颜色。大部分墙体采用白色，与周围高山雪地相融合。女儿墙设有一圈红色色带，使用凹凸的处理手法，并装有白色小装饰块，是现今西藏建筑最常用的女儿墙的构造方法。另外，墙体收分，视觉效果厚重稳定，勾勒出极具传统西藏特色的建筑立面。

西藏博物馆的台阶与布达拉宫相似，设有梯级状台阶扶壁压顶，塑造出山地建筑独有的形象。整座建筑的屋顶以平屋顶为主，局部搭配镏金铜瓦藏式坡顶。通过折线和退台式设计手法使平屋顶没有大块体量的单调之感，同时在几个关键部位上设置藏式坡顶，得以与周围浓郁的藏族地域特色相呼应，是一次具有民族化特征的大胆尝试。在立面上，采用对称构图，突出中部，上繁下简，庄重而凝练。在建筑后部设置具有藏族风格的碉楼加以衬托，增加了层次感，丰富了建筑的造型。

西藏博物馆在借鉴中创新，在传统藏式建筑的形式基础上加以变形与简化，减少了以往建筑中常有的宗教气息，使其不乏时代感，其本身也就成为了一个重要的展示内容。例如博物馆的东侧入口，大片玻璃幕墙背景上嵌入了一个极具藏族特色的门套，传统与现代就这样在此交融，两者对比显得极为强烈，但又和谐共处且趣味盎然。

通过对西藏博物馆的考察与反思，可以总结出藏区现代民用建筑对传统西藏建筑既有传承，又有突破，在原有的西藏建筑元素的基础上加入了现代建筑的设计手法，形成了具有现代主义色彩的西藏建筑。

（二）林芝米林机场

林芝米林机场（见图 1.3–3）位于西藏雅鲁藏布江南岸河谷地带，周围都是 4000 多米常年被云雾笼罩的高山峻岭，是一个典型的高原机场。特殊的地形地貌和多变的气象条件，使林芝米林机场在布局设计上非常困难，要同时满足飞行条件、净空环境和导航台站的视野要求，可以毫不夸张地说，林芝米林机场是世界上净空条件、气象条件、飞行环境及导航台站布局最为复杂的机场之一。

图 1.3–3　林芝米林机场

为与周围高原环境相协调，林芝米林机场的建筑屋顶采用了一个波浪形屋顶与建筑后部的山体相互呼应，建筑外立面采用了灰色、白色的面墙砖及红色的格栅构件作为装饰，立面造型的丰富色彩继承了藏区对于高对比度色彩的运用方式，也是一种地域文化的体现。相较于传统藏式建筑，现代公共建筑运用了新的科学技术手段，明显摆脱了传统结构小空间的束缚，形态更为自由、洒脱。

（三）国网西藏电力有限公司培训中心（简称培训中心）建筑群

（1）建筑富有变化而又统一。培训中心的建筑群各有各的特色，但其中也有相互联系的元素。在培训中心的建筑群体中，有一部分建筑是以木材为主作为其建筑立面的主要材料，由木格栅相互交错组成其建筑立面；有一部分建筑是以现代石材为主要材料，通过不同规格石材的错缝拼接而营造出其现代建筑的立面效果；还有一部分建筑采用的是传统的片石材料作为建筑外墙，而营造一种传统的建筑形式。虽然各个建筑各不相同，但整个建筑群体间采用了同样的建筑色调来统一建筑的大环境，如所有建筑均采用了灰色、白色及原木色来统一建筑基调，使得建筑整体氛围是协调统一的。培训中心建筑群庭院、外立面实景图及外墙饰面砖、外墙饰面石、远景图、街景图分别见图 1.3－4～图 1.3－9。

图 1.3－4　培训中心建筑群庭院实景图

图 1.3－5　培训中心建筑群外立面实景图

图 1.3-6　培训中心建筑群外墙饰面砖

图 1.3-7　培训中心建筑群外墙饰面石

图 1.3-8　培训中心建筑群远景图

图 1.3–9　培训中心建筑群街景图

（2）建筑结构、建筑空间及建筑材料均体现了时代性。培训中心建筑群作为林芝地区的一个现代建筑群，充分体现出了其建设的时代背景与时代特征。21 世纪相较于西藏传统时期，施工工艺及材料都有了相当大的发展与进步，如果此时还采用传统的结构形式、空间布置、建筑材料，不仅不符合时代要求，也不符合人们对建筑功能及使用的需求。因此，培训中心的建筑不论是从结构、功能布局上还是从建筑材料上都赋予了其时代的特征。

首先，从建筑结构上来说，培训中心的建筑均采用框架结构，摆脱了传统藏式建筑小跨度、小空间的局限性。

其次，从其内部空间而言，其平面布局遵循“形式追求功能”的现代建筑法则，其内部空间布置灵活、自由，在满足其办公、会务功能的基础上，以人的空间感受为出发点，设置了许多交流、休闲平台，使得在内办公的人员能够拥有一个良好、舒适的办公环境。

再者，从其建筑立面来说，其建筑立面没有过多的装饰，窗、门等的开设均出自使用功能的考虑，且其在使用新材料的同时，注入了对于藏区建筑文化的思考，在材料色彩的选择中，依旧体现出藏式建筑稳重、深沉的特点。尤其强调新老材料的对比，并通过这种对比来体现与当地文化的呼应，在整个建筑中不难发现有丝毫未加粉饰的木扶手与钢材料的结合（见图 1.3–10），片石墙与玻璃及石材的结合，真石漆、木材与深灰色现代加工石材的结合，其设计者总是会在运用新材料的同时注入一些带有工业气息及传统文化气息的元素，表达了设计者对自然、对当地文化的尊重，以及对现代施工方式的纯熟运用。

图 1.3–10　培训中心建筑群栏杆细节

（四）林芝皇冠假日酒店

（1）建筑形体依托山体走势具有变化。林芝皇冠假日酒店位于林芝市内，其建筑后部崇山峻岭，整体建筑依托山体起伏变化，下大上小，逐步收分，与建筑后部山体相呼应，反映出了建筑与当地景观的高度融合。

（2）建筑立面传统与现代的融合。林芝皇冠假日酒店立面设计整体以现代建筑风格为主，其立面开窗方式完全以美观、实用为出发点，均为功能性的开窗。从建筑材料上来看，其采用了传统的建筑材料如片石、木材等，同时也采用了玻璃、钢等新型建筑材料，运用了时代发展所带来的技术、材料的革新；林芝皇冠假日酒店建筑立面虽是现代建筑做法，但它在色彩上将建筑进行了传统与现代的统一，并简化了传统建筑元素如边玛墙、巴苏、收分墙体等，以现代的建筑语汇进行了新的诠释与表达，体现出了设计者对“新”“旧”的思索。

（五）天宇藏秘主题酒店

（1）建筑形态。此建筑主体为四层，采用对称形式。方形窗户外围黑色窗套，成行成列布置，具有较强的韵律感。窗户上方的巴苏，既装饰了外窗，又成为建筑每层的分隔线，结合突出的门廊，增强了建筑的层次感。

（2）建筑色彩。此建筑运用大面积的米白色和米黄色，加以点缀线脚及窗户上部巴苏的藏红色，红白结合，美化了建筑形象，符合当地建筑特色。建筑底部运用大面积的灰色蘑菇石面砖，作为基座支起上层建筑，彰显了稳重感。同时凹凸不平的面砖与上部平面形成对比，突出了建筑的肌理感。

三、现代藏式民用建筑特征

（一）结构的变革——框架结构的普遍使用

随着现代工业技术的发展，框架结构在建筑中的运用得到了普及，几乎所有的交通较为发达的地区都引进了标准的现代框架结构技术，从而让藏式建筑发生了巨大的变化。以拉萨为首的交通便利的城市很快接受了水泥和混凝土带来的巨大好处。在拉萨市区内，随处可以见到“脱胎换骨”的藏式建筑——厚重的土石或木石结构墙体、复杂的木梁柱体系被轻盈的水泥梁柱体系所取代，现代藏式建筑中的结构体系已经与内地成熟的框架体系一般无二。

（二）材料的转变——混凝土砌块的使用

用砌体代替原先的厚重土质墙体或繁琐的碎石砌筑方法是藏式建筑更新的又一大特点。与内地不同的是，藏区几乎没有发现采用黏土烧制的红砖。取而代之的是一种由当地的石灰和石子混合而成的混凝土砌块，或者采自于河床的整块石头，这两种在一定程度上模拟了传统建筑中石材墙体的质感和纹理，其形象相比红砖来说更易于被人们接受。

（三）艺术的传承——西藏传统立面风格的延续

现代藏式建筑对于传统藏式建筑风格的传承与延续表现在两个方面：① 利用保留传统的立面风格和装饰技艺，西藏当地工匠们依然像以前一样，按心中完美的形象打造精致的木窗、优雅的藏画和仅仅作为符号和装饰的斗坐。② 提取传统西藏建筑元素，如色彩等，并运用新材料、新技术结合现代建筑设计手法来构建新型的藏式建筑语汇。

第二章
变电站建筑设计研究

变电站建筑从属于工业建筑的范畴，工业建筑是指用于从事工业生产的各种房屋。建筑设计的目的是在满足生产要求的前提下，努力为工人创造良好的生产环境。由于其特殊的生产要求，很多工业设计往往成为纯功能主义的典型，仿佛只要能够满足生产就够了。然而实际上所有生产空间和建筑物都有空间组织、空间变化和建筑形体、建筑装饰的要求。

所以工业建筑的设计，应当根据所处的环境，体现现代工业建筑的特征并能够融入周围的环境，与地域相协调。

第一节　现代工业建筑

一、现代工业建筑发展概述

（一）工业革命对建筑的影响阶段

17～19 世纪是欧洲封建制度瓦解和灭亡的时期，期间发生了英国资产阶级革命（1640 年）、普法战争（1870 年）和巴黎公社起义（1871 年），也是自由资本主义形成和发展的时期。虽然资产阶级革命最早出现于 17 世纪的英国，但是西方资本主义国家与建筑的重大变化大都出现在 18 世纪的工业革命以后，特别是 19 世纪中叶，工业革命已从轻工业（如纺织等）过渡到重工业，其重要产物——铁的产量的大大增加，为建筑的新功能、新技术与新形式的出现提供了条件。

工业革命的冲击，给城市与建筑带来了一系列新问题，社会生活方式的变化和科学技术的进步促成了对新建筑类型的需要，并对建筑形式提出了新要求，因此建筑师们开始探求新建筑中新功能、新技术与新形式的可能性。

（二）建筑的新材料、新技术与新类型尝试阶段

在资本主义初期，工业大生产的发展促使建筑科学有了很大进步。比如新的建筑材

料、结构技术、设备、施工方法的不断涌现，使得近代建筑的发展从此有了必要的物质基础。上述新技术的应用，使建筑在高度与跨度上突破了传统的限制，从而在平面与空间上的设计上也比过去更灵活，这些突破必然会带来建筑形式上的变化。

（1）初期生铁结构。金属作为建筑材料，可以追溯到古代时期的建筑中，但说到大规模应用，特别是以钢铁作为建筑结构的主要材料则始于近代。1775～1779 年在英国赛文河（Severn River）上建造了第一座生铁桥（见图 2.1－1）。桥的跨度达 100 英尺（30m），高 40 英尺（12m）。1793～1796 年，一座更新式的单跨拱桥——森德兰桥（Sunderland Bridge）在伦敦出现，桥身也是采用生铁制成，全长达 236 英尺（72m），是这一时期构筑物中最早与最大胆的尝试。

图 2.1－1　英国第一座生铁桥

钢铁作为房屋的主要材料，最早是被人们运用到屋顶上的，如 1786 年建成的巴黎法兰西剧院采用了铁结构屋顶。往后铁构件在工业建筑上逐步得到了推广，典型的例子就是 1801 年建成的英国曼彻斯特的索尔福德棉纺厂。该工厂共 7 层生产车间，采用生铁梁柱和承重墙的混合结构，这是铁构件首次以工字型的断面出现，并且在实际工程中应用。

（2）铁和玻璃的配合。随着建筑在采光上的要求越来越高，19 世纪铁和玻璃这两种材料的配合应用应运而生。1829～1931 年建造的巴黎老王宫的奥尔良廊中就最先采用了铁构件与玻璃的组合式透光顶棚。它和周围的折衷主义沉重柱式与拱廊形成了强烈的对比。1833 年建成的巴黎植物园的温室厅成为铁和玻璃这种构造方式在当时新的技术巅峰，它是一个完全以铁和玻璃构成的巨大建筑物，这种方式对后来的建筑产生了很大的启发。

（3）向框架结构过度。美国是最早采用框架结构作为建筑结构的国家，该结构主要特点是以生铁框架代替承重墙，不同于现在的框架结构大量采用混凝土梁柱。其中典型代表是 1854 年建成的哈珀兄弟大厦，一座 5 层楼的印刷厂，是初期生铁框架建筑的代表。美国在“生铁时代”（1850～1880 年）中建造的商店、仓库和政府大厦大多采用生铁构件作门面或框架。

（4）大跨度的实现。1889 年世界博览会所建造的巴黎机械馆是一座空前的大跨度结构，刷新了世界建筑在跨度上的记录。这座建筑物长度为 420m，结构最大跨度达到 115m，主要由 20 品构架所组成，四周与屋顶全部采用大面积玻璃。并且首次运用了三铰拱的原理，虽然拱的末端越接近地面越窄，但该结构形式拱脚处可承受相当于 120t 重物的压力，这说明了新结构形式完全能满足受力需求，也促使了建筑形式的创新发展。

（5）钢筋混凝土的应用。大规模的工业生产是建筑技术革新的必备条件与基础，新材料、新结构有机会在建筑中得到广泛的应用。钢和混凝土从 19 世纪中叶起对建筑的发展有极为重要的影响。钢筋混凝土的发展过程非常复杂，早在古罗马时期，就已经有过大然混凝土的结构方法，但是它在中世纪时失传，真正的混凝土与钢筋混凝土是近现代的产物。1824 年，英国首先生产了胶性的波特兰水泥，这种材料为混凝土结构的发展提供了条件。起初常把混凝土作为铁梁中的填充物，后来进一步发展为把混凝土作楼板的新形式。1868～1870 年，兰博（J. L. Lambot）在法国建成了第一座混凝土水库。1916 年，法国工程师弗雷西内（Eugéne Freyssinet）在巴黎近郊的奥利机场建造了一座巨大的飞船库，它由一系列抛物线型的钢筋混凝土拱顶组成，跨度达 320 英尺（96m），高度达 195 英尺（58.5m），肋间有规律地布置着采光玻璃，具有别致的效果，这是该时期极为具有代表性的工业建筑，充分体现了当代技术手段及新材料的运用。

（三）对建筑发展方向的探寻阶段

19 世纪末，生产快速发展，技术得以快速更新。随着人类社会关系的复杂化和生活生产方式的多样化，服务于人类社会的建筑也必须跟上时代的潮流，此时建筑的发展必须解决两个问题：① 不断出现的新建筑类型问题；② 新技术与旧建筑形式的矛盾问题。因此建筑师必须了解社会生活，同时还需将工程技术与艺术形式之间有机地结合起来。在此背景下，各国建筑师在新形势下不断摸索建筑创作的新方向，此时各个建筑思潮涌现了许多新的观点。

（1）建筑的艺术形式应与新的建造手段相结合，建筑装饰来源于不同材料和某种技术条件的应用。

（2）大量应用手工艺品的艺术效果，实现制作者与成品的情感交流。

（3）新结构、新材料必然导致新形式的出现，反对历史样式在建筑上的重演。

（4）装饰就是罪恶。

（5）建筑造型应该简单明快，并能充分表现材料的质感，要寻找一种真实的，能够表达时代的建筑。

（6）形式追随功能。

（四）钢结构及混凝土的大量运用时期

第一次世界大战后，出现了很多新的建筑科学技术。这些建筑新材料、新技术的出现及推广应用，使得工程师的创造与发明得以有极大的发挥空间。例如，高层钢结构技术的出现和应用就能有力地证明此种趋势。1931 年，纽约拥有 30 层以上的房屋数量达到了 89 座，能实现这一景象是因为钢结构能实现自重的轻量化，同时焊接技术也有了长足的发展。1927 年就出现了全部采用焊接技术的钢结构建筑，到 1947 年，美国建成了 24 层的全部焊接楼房。

随着钢筋混凝土结构的普遍应用，新的计算理论和方法陆续出现。由于钢筋混凝土结构采用刚性节点，特别是钢筋混凝土整体框架的大量应用，对钢架和其他复杂的超静定结构的研究也就应运而生。1929 年，克罗斯（Hardy Gross）提出解超静定结构的渐进法即是一例。

（五）现代建筑派应运而生

在社会变革的环境下，一批设计师突破传统建筑的思维模式，重点改革方向是在新材料、新技术上，充分发挥钢和钢筋混凝土结构及各种新材料的性能，在狭小的空间范围中解决实用功能问题；在建筑形式上，提出采用无装饰简洁的平屋顶、白色抹灰墙，同时灵活的门窗布置和较大的玻璃面积，使建筑回归朴素清新风格。

这些建筑师有一些共同特点，即着眼于社会上的中、下层阶级与工薪阶层，并致力于解决社会变革所带来的新的生活方式问题，因此其设计方法上有以下共同点。

（1）将建筑的使用功能作为建筑设计的出发点，重视建筑设计的科学性和建筑本身的使用性。

（2）提倡发挥新型建筑材料和建筑结构的性能特点，例如，框架结构中的墙在布置上的灵活性。

（3）节约建筑的建造成本，包括人力、物力和财力。

（4）鼓励创造现代建筑新风格，坚决反对套用历史上的建筑样式；强调建筑形式与内容（功能、材料、结构、构筑工艺）的一致性，主张自由地处理建筑造型，突破传统建筑的建筑构图模式。

（5）强调建筑空间在建筑中的重要性，建筑空间比建筑平面或立面更为重要。强调建筑艺术处理的重点应该从平面和立面构图转到空间和体量的总体构图方面，并且在处理立体构图时考虑到人观察建筑过程中的时间因素，产生了“空间—时间”的建筑构图理论。

（6）减少对建筑外表面过多的装饰，认为建筑美的基础在于建筑处理的合理性和逻辑性。

这些完全不同于以往的建筑观点与方法被称之为建筑中的“功能主义”或“理性主义”。其在建筑上的代表作有法古斯工厂与包豪斯校舍等。

二、现代工业建筑发展趋势

工业建筑在社会文明进步中发挥着重要的作用。很长一段时期，由于受经济条件及思想认识等的限制，工业建筑物在设计上往往只考虑生产工艺和生产空间的要求，这样所建成的工业建筑物几乎只是生产设备构筑物外壳的简单包装，其一直存在“傻、大、黑、粗”形象。同时还存在着土地利用率不高、耗能、环境污染严重、工作环境及生活条件差等一系列问题。随着我国近年来工业建筑的迅猛发展，每年完成的建筑工程投资额中，工业建筑就占了一半以上。现代工业也早已不是简单的粗加工为主的模式，而是以电子信息、化学、生物、金属机械工业为主的高科技产业，即从劳动力密集型产业转变为技术密集型产业。目前我国的工业建筑发展呈现出以下发展趋势。

（一）工业与民用的一体化趋势

在现代建筑思想中，工业建筑与民用建筑在设计原则和方法上不应该有区别。目前，国内工业建筑种类繁多，科技园、软件园、孵化器等新型工业建筑层出不穷。特别是随着产业技术的交叉趋势越来越强烈，这些工业园区的功能不再仅仅是加工生产，而是与生活的关系日益紧密，人们的许多活动都需在这些工业园区中，而不只是工作。工业建筑的范围在不断扩大，工业建筑与民用建筑之间的界限也越来越模糊，并趋向一体化。

（二）工业建筑的人性化趋势

现今，人们普遍接受这样的观点，工业建筑表面上是服务于产品的加工生产，但本质上是为人类服务的，还是得回归人类的需求。因此，越来越多的建设单位及建筑师开始重视人在建筑中的行为及情感，摒弃传统只看重生产的观点，将建筑的设计中心从以往的生产设备转移到以人为本的理念上来，重视对建筑物相关人的关怀。这样能创造出让人产生归属感和亲切感的良好生活环境，从而最终达到提高员工的生活质量及工作效率的目的。

（三）工业建筑的生态化趋势

进入工业社会以来，工业建筑蓬勃发展。人类必须与大自然和谐共生，走绿色工业之路。绿色工业要求工业本身是自然循环的一部分，它导致传统工业建筑发生了革命性的变革，因此要对城市环境设计、节能、节地、环境保护、防止污染等问题给予极大重视，并运用生态学中的共生与再生原则，建立工业建筑生态建筑学理论体系。目前对工业建筑的各种生态化探讨，已从建筑物理学的研究深入到建筑设计的创作中来，而且在实践中得到较广泛的应用。

（四）工业建筑的高科技化趋势

工业建筑每发展一小步，相关的科学技术也许向前迈进了一大步。从最开始在建筑材料上的突破，到后来新的计算方法的出现，无不体现了工业建筑在发展道路上高科技化的趋势。我们设计不能只在形式美上做文章，而要重视高科技的应用，更多地满足生产与管理的微型化、自动化、洁净化、精密化、环境无污染化等要求。

（五）工业建筑的多元化趋势

近年来，工业建筑中出现了更加多样化的投资方式。区域文化及设计公司的参与，极大地促进了工业建筑多元化的形成和发展。国内外建筑师在接受全球化的同时，也已经开始认识到各民族、地区和当地文化的价值。在平等合作和竞争的同时，他们正在努力打造具有跨文化特征的多彩工业建筑。在中国，外国建筑师的设计和作品已从民用建筑领域扩展到工业建筑领域。

（六）工业建筑的文化性趋势

尽管工业建筑不完全等同于民用建筑，但基本原理是相同的。在满足不同用途要求的同时，他们还应创造宜人、美观、时尚，以及具有文化构造的建筑空间和环境。因此，工业建筑最终是艺术和文化表现形式。在众多工业建筑和科技园区的设计中，建筑师非常重视地域文化特征，将工业建筑的特征和功能，与地域、民族和文化相结合，充分发掘和塑造独特的企业形象，丰富企业的文化内涵。追求工业建筑与文化环境的协调统一，工业建筑设计的文化本质是工业建筑设计的根本发展方向。

第二节　变电站建筑的平面与空间组织

一、形态特征

500kV 变电站的建筑物主要包括主控通信楼、500kV 继电器室、站用电小室、500kV GIS 室、220kV GIS 室、泡沫消防设备间、消防小室、生活消防水泵房及富氧设备间、警卫传达室等。

主控通信楼为变电站主要生活与生产建筑，布置有休息室、值守室、资料室、检修备品工具间、安全工具间、蓄电池室、通信蓄电池室、通信机房、主控室、计算机室、公共卫生间等；500kV 继电器室为 500kV 保护、测控及公用二次屏柜等设备布置用房；站用电小室是站用变压器及 380V 站用低压配电柜布置用房；500kV GIS 室是 500kV GIS 布置用房；220kV GIS 室是 220kV GIS 布置用房；泡沫消防设备间为泡沫消防设备布置用房；消防小室是消防设备布置用房；生活消防水泵房及富氧设备间是消防水泵及富氧设备布置用房；警卫传达室是变电站警卫值班及休息用房。

工程最终根据变电站具体情况合理确定建筑单体。

变电站建筑的背景均为升压站等构架，特点是高细而分散，加上母线、引下线、变压器等都有其明显的特征。主控通信楼等建筑物坐落其中，与变电构架的不规则轮廓之间自然地形成了鲜明的对比，从而使双方的表现力都得到加强。一般户外变电站都建在城镇的郊区，周边多为空旷地区，变电站建筑远眺的效果尤其重要。户外变电站从远处看见的剪影，配上延伸到远方的输电线路铁塔，形成了一幅美丽的画卷，是摄影师常取的镜头，变电站形态特征的特点也在于此。

因此变电站建筑都必须与周边环境协调，其中这种协调性包括建筑与地貌的协调性、装饰色彩与自然环境的协调性、与周边建筑群落的协调性、与区域文化和谐统一几个方面。

二、群体组合及立面层次

群体组合应该和总平面布置协调一致，目前常采用的手法是将主控与通信组合成联合建筑，通过门厅作为交通联系枢纽，形成较大的建筑体量，组合形体有一字形、L 字形、U 字形等，其主要优点在于便于巡视和管理，布置紧凑，同时由于能增大建筑体量，与建筑物的背景（配电装置区）也较协调，是值得推广的组合形式。变电站群体组合成空间形象时，应注意以下几方面。

（1）风格一致又独具特色。通过形体、线形、色调、统一的外装修等来达到全站群体建筑风格协调，但同时也应注意在统一的基调上，追求各单体建筑的必要变化和对比，以避免单调。

（2）注意处理立面层次。在考虑变电站建筑立面艺术效果时，首先要注意处理好其立面层次，可运用建筑物外墙上的各种构建，如阳台、雨篷、遮阳构建、门窗等来丰富立面效果。

三、重点装饰

通过对变电站建筑体型组合、立面层次等要素的艺术处理后，其外部形态基调已大致确定，但仍需对建筑局部加以重点处理，以获得完美的艺术观感。

（1）门厅的处理。主控通信楼的门厅在主控建筑中起着举足轻重的作用，除了满足人们通行的功能外，还兼有主控与通信联系的作用，应具有明显的可识别性。

（2）室外楼梯及巡视阳台。变电站内的主建筑一般均设置一部室外疏散楼梯，可根据整个建筑物的特点，布置一些特殊结构的楼梯，以打破山墙的单调感，并给建筑物以活跃的气氛。

四、结构选择合理

根据生产工艺要求和材料、施工条件，选择合适的结构体系。组成钢筋混凝土结构的材料易获得，且施工方便。钢筋混凝土本身耐火耐蚀，适应面广，可以预制也可现场浇注，我国单层和多层厂房多采用这些形式。钢结构则多用在大跨度、大空间或振动较大的生产车间，但需要采取防火、防腐蚀相关措施。最好采用工业化体系建筑，以节省投资、缩短工期。

第三节　现代变电站建筑发展趋势

当今，尊重自然、顺应自然、保护自然的生态文明理念已逐渐成为人类的共识，人类越来越注重环境保护问题。在此原则下，环境友好型的生态变电站是设计师在城市变电站建筑设计中的必然选择。现阶段的生态变电站建筑设计主要考虑了以下元素。

一、美化环境

由于输送电力的特殊性，变电站往往位于城市干道或乡镇交通方便的位置，使变电站成为城市乡镇景观的一部分，所以变电站的绿化景观设计就显得尤为重要，绿化指标是必不可少的硬性指标。目前一个变电站的建筑设计一般需要经过多次反复，才能通过市规划局的审批，促使变电站的建筑设计不断地上升到新的高度。

二、环保节能

选用利于环保节能的建筑材料，减小变电站的噪声，重视设备节能，充分利用自然通风、采光进行变电站节能设计，使变电站的建筑设计成为绿色的、高效的建筑，满足可持续发展的要求。

三、高科技化趋势

除了形式美、环境美，还要重视科技的掌握及对科学技术的应用，结合建设、生产和管理实际，发挥科技创新优势，解决技术热点，加速科技成果向实际生产力的转化。新技术推广应用工作取得初步成效，其主要表现在以下几个方面。

（1）电气工艺的技术要求。特别是电气设备发展的智能化、微型化、环境无污染化等要求，大力推广采用智能型、节能型、生态型、信息集成化设备。

（2）生态环境的技术要求。城市变电站通常临近周围建筑甚至贴临合建，而变电站的运行不能影响其他建筑的使用，包括交通组织、采光要求、噪声控制等方面；乡镇变电站则一般位于生态环境优美的村庄和城镇，应有机地融入环境，成为环境生态的一部分。

（3）智能化的技术要求。体现在新建筑材料、新施工技术、新施工工艺的应用和创新，以及火灾自动报警、自动灭火、电子巡更、SF_6 气体自动报警及排除等建筑设备技术的设计和运用。

四、变电站建筑设计的文化属性

变电站建筑不是单纯的工业建筑，同样也受到独特的地域文化的影响，所以在满足电力工业生产要求的前提下，需要与站址地域文化相结合。

变电站建设是电力建设的一个重要组成部分，是展示电力企业形象的一个重要窗口，也是企业文化体现的一个重要载体，所以国家电网有限公司相当重视。国家电网有限公司变电站对统一标识有若干规定，包括标示色、标示围墙大门、国家电网有限公司的独特标识等，规范了变电站建设的统一形象，展示了电力企业积极向上的精神风貌。这样企业文化就会慢慢融入到具体的工程实体中，而这些实体工程就会向人们展示企业崇尚科技、坚持环保、尊重社会、服务社会的良好形象。

五、变电站建筑设计的标准化趋势

国家电网有限公司已经把变电站的标准化工作提上日程。目前大部分地区完成了变电站施工图阶段的通用设计工作。通过变电站通用设计的推广与应用，可实现变电站建设在管理上集约化，在资源消耗和土地占用上合理化，在造价上可控化，在工作上高效率化，这样就能满足“资源节约型、环境友好型和标准化”的具体要求。

第三章
藏区变电站建筑风格研究

第二章介绍了现代工业建筑的发展史及其发展趋势，总结而言均是由于社会发展所带来的技术手段变化及生产、生活需求变化而引起的。作者根据在藏区实际调研情况，综合考虑藏区发展时代背景和其地域文化传承、传统藏区建筑元素及特征影响，从建筑色彩、建筑形体及建筑材料几个方面探讨、分析藏区现代工业建筑所具备的新特点，作为后续研究及设计的基础材料。为与工程结合更紧密，本节以藏区变电站建筑作为调研对象展开分析。

第一节　西藏现代变电站建筑特征

一、结构形式的统一

西藏变电站的站内建筑基本以混凝土框架结构与钢结构为主，其中 GIS 厂房这类跨度比较大的建筑均为钢结构形式，其余跨度较小的建筑多为混凝土框架结构。西藏传统的建筑形式如木结构、砖石结构由于可靠性较差，施工不方便，在现代西藏工业建筑中已经不被采用。

可见，西藏现代工业建筑的结构形式已经与时俱进，摒弃了一些传统落后的建筑结构形式，采用了现代先进科学的结构形式。

二、建筑材料的统一

在建筑材料上，现代工业建筑大量采用钢材、玻璃及节能砌块等现代建材，而藏区的变电站建筑也不例外。

钢结构建筑相比传统的混凝土建筑而言，强度更高、抗震性更好，用钢柱、钢板或型钢替代了钢筋混凝土。由于构件可以工厂化生产，现场安装，因而大大缩短工期；由于钢材具有可重复使用性能，因此减少了建筑垃圾，更为绿色环保。藏区变电站的众多配电装置厂房如 GIS 室、继电器室等，均采用钢结构，这些钢结构建筑主要以型钢为结构框架，以压型钢板做墙体和屋面的围护材料。现代西藏变电站建筑材料已经兼顾到节能、环保等理念。

三、建筑元素的统一

建筑颜色、边玛墙、收分斜墙、巴苏和巴卡是传统西藏建筑的几个比较典型的元素。

（1）建筑颜色（见图 3.1－1）。藏式建筑使用的颜色一般为白、红、绿、黄、黑等。经实地考察，藏区变电站建筑的主色调为白色，辅助色为红色。纯度甚高的藏红色是藏区建筑的标识，几乎所有建筑物都带有红色，而白色则是建筑物的主色调，能与周围高山雪地的自然环境很好地融合。至于黄色、蓝色、黑色及绿色作为点缀色使用。

图 3.1－1　藏式建筑颜色

（2）边玛墙（见图 3.1－2）。红色边玛墙是传统西藏建筑最具代表性的特征，是藏民宝贵的智慧结晶。边玛墙是边玛枝干捆绑成手臂状粗细堆砌而成的。待墙体基本筑成后，将赭红色的颜料涂在墙面。但是由于边玛草现在已经难以找到，而且制作边玛墙费工费时，现代藏式建筑已经采用混凝土浇筑代替，虽然质感上与传统边玛墙有较大区别，但是女儿墙上一圈红色的墙体还是能反映现代建筑对传统藏式建筑的传承。

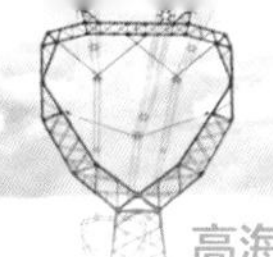

图 3.1–2　边玛墙

（3）收分斜墙（见图 3.1–3）。传统西藏建筑以块石或泥土为主要砌筑材料，在砌筑过程中墙厚会随着高度的增加而减少，形成收分，使建筑外墙呈内倾感。收分斜墙可以使墙体重心降低，分散基础的压强，使墙体更稳固，同时具有特别的视觉效果，是藏式建筑的重要标识。但是由于现在建筑结构与传统西藏建筑结构有巨大差别，无论混凝土柱还是钢柱都是横平竖直，现代西藏建筑设置收分斜墙多为装饰需要，并非结构需要，因此现代西藏建筑很少出现收分斜墙。

图 3.1–3　收分斜墙

（4）巴苏、巴卡（见图 3.1–4）。巴苏、巴卡是传统西藏建筑的窗顶和窗套，不仅有挡雨和装饰的作用，而且寓意辟邪驱魔。现代西藏建筑，不论是民建还是工业建筑，基本保留这一建筑元素，只是制作材料和线型有所变化。传统巴苏以木为材料，现代巴苏多通过玻璃纤维增强水泥（GRC）和聚氨酯（PU）倒模制作，具有经久耐用、安装方便的优点；传统的巴卡呈梯形，现代有转化为矩形的。

图 3.1–4 巴苏、巴卡

通过实地考察，从现代工业建筑的结构形式、材料、建筑元素三个方面可以发现，西藏现代建筑较传统建筑既有突破，也有传承。由于材料、力学、节能等技术的进步，现代西藏建筑采用了新的手段与方法，使得建筑更安全可靠、更环保节能、更美观耐用。同时也保留了传统的西藏建筑颜色、构造等元素，使建筑富有独特鲜明的当地特色。

第二节 钢结构厂房与藏式风格相结合的研究应用

一、立面分割

GIS 室的压型钢板分为墙面板和屋面板，屋面板的排板方向必须顺着屋面排水的方向，而且屋面板比较高，对外观没有影响，而墙面板则有横向排板和竖向排板两种排板方式。钢结构建筑墙面板的横排和竖排都可以实现，只是檩条的布置有所不同。大部分对外观没有特别要求的钢结构厂的墙板都采用竖向排板。因为竖向排板时檩条为横向布置，而立柱是竖向的，因此，竖向排板只需要一道檩条；但横向排板时，檩条要求竖向布置，因此竖向的立柱需要先布置一道横向檩条，再布置一道竖向檩条，竖向檩条固定在横向檩条上。可见，压型钢板横向排板要比竖向排板在施工工艺上檩条布置方面更为复杂一些。同时，视觉观感上考虑墙板的排板方式是决定排板方式的另一个重要因素，变电站站内 GIS 室一般长度较长，基本超过 100m，甚至超过 200m，但高度往往只有 14～15m，其宽度亦只有 15m 左右。可见 GIS 室为一个窄长的建筑形体，墙板采用横向排板和采用竖向排板有着截然不同的感官效果。下面通过排板布置分析墙板竖排与横排的不同。

图 3.2－1 为 GIS 室墙面板竖向排板立面效果，板材均采用 1m 宽的板材。由于 GIS 室长度较长，因此板材竖向的分隔线相对比较多，比较密。而且竖向的板缝与窄长的建筑立面互相垂直，使立面整体感觉零碎繁杂。因此，立面效果图不理想。

图 3.2－2 为 GIS 室墙面板横向排板立面效果，横向排板室板材的分缝为水平方向，与建筑的形状平衡。可见横向排板大大减少了板缝的数量，使建筑立面具有更好的延续性，板缝与门窗的干涉的影响也比竖向排板小，整体效果比竖向排板要好。另外，西藏建筑一个比较明显的特征是边玛墙，边玛墙是建筑顶部绕建筑一圈的墙体，为水平设置，因此横向排板会较竖向排板更接近西藏建筑的立面划分形式。

从以上分析可以得出，虽然横向排板较竖向排板构造上多一道檩条，但是工艺上是可以实现的，也没有什么技术点，而且从视觉角度上来看，横向排板的立面效果图要比竖向排板的效果图好，而且符合西藏建筑的立面划分习惯。

二、西藏地域文化元素提炼

（一）建筑色彩

传统藏区建筑常用色有红、白、黄、黑等，其中红色与白色是藏区建筑颜色的重要

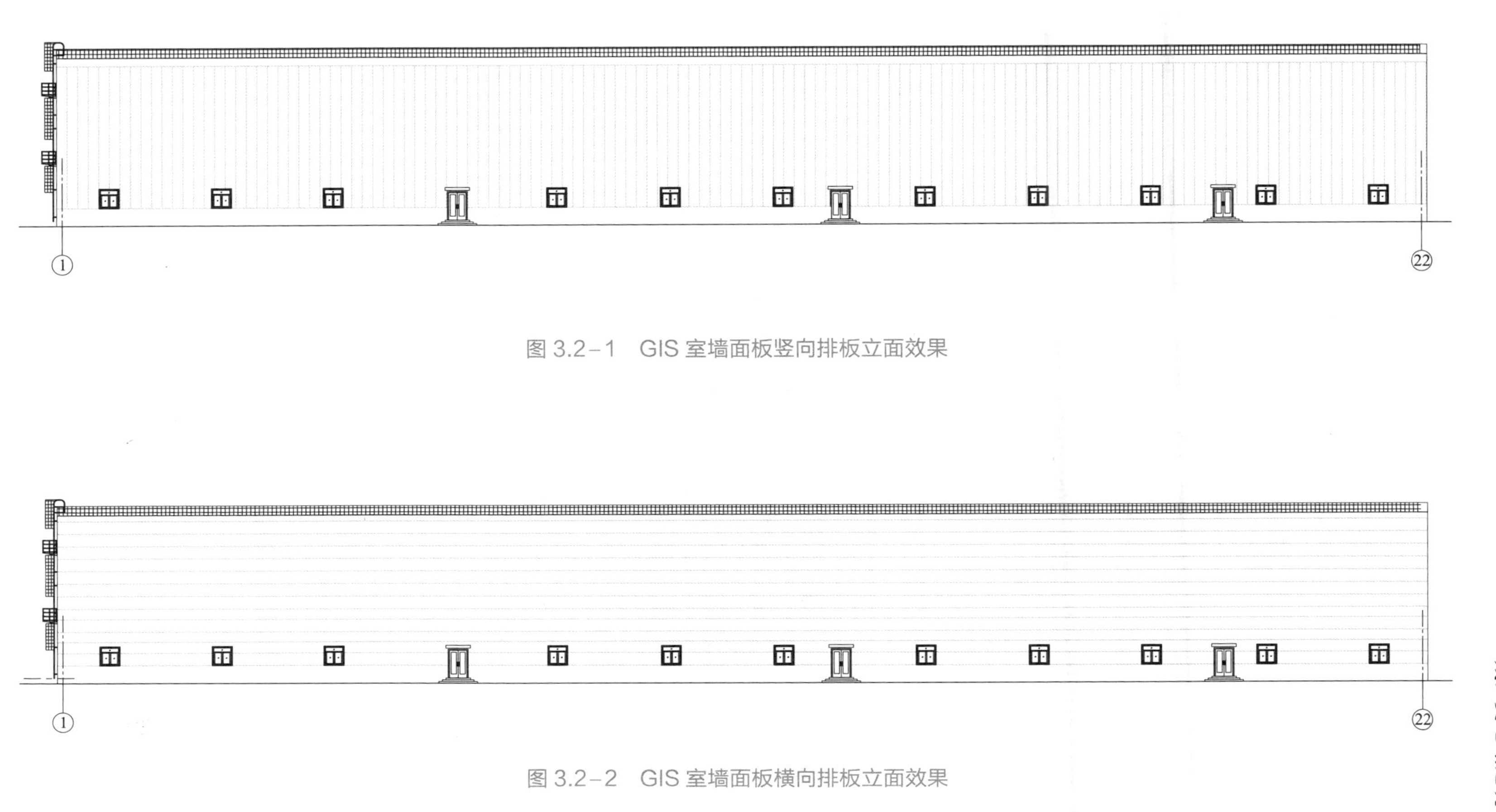

图 3.2-1　GIS 室墙面板竖向排板立面效果

图 3.2-2　GIS 室墙面板横向排板立面效果

组成部分，不仅与藏族宗教传统有关，还与材料有关，白墙、红墙、边玛墙等材料都是本土材料。白墙的主材取自本地白土，并掺入白糖、蜂蜜、牛奶和少许青稞粉。红墙的红粉则是混入了红糖、药散和某种树皮熬成的浆液。尽管现代科技进步，西藏的建筑已经很少采用传统的原料，但红色和白色依然是西藏建筑的主要颜色。在藏传佛教的宗教含义里，黑色具有避邪驱魔化灾之意，黄色具有脱俗、尊贵的含义，金色一般用于宫殿、寺庙、庄园等尊贵的建筑装饰中。

从以上对藏区建筑颜色的分析可以看出，并不是所有颜色都适宜于变电站，而且一个建筑物所选用的颜色不宜太多，一般选用 3 个颜色，一个为主要颜色，两个为次要颜色。显然，藏区的变电站主要颜色应为白色，而次要颜色应该为标志着西藏建筑的红色。在设计过程中，白色和红色的搭配遵循两个原则：第一，主要颜色应该占 60%以上的色彩比例，这是建筑色彩划分的一般规律；第二，西藏建筑的红色多用于屋顶和边玛墙。根据这两个原则，可以得出变电站钢结构的 GIS 室的红色应该设置在建筑的上部，其他部位为白色。由于钢结构的压型钢板为横向划分，因此上部红色，下部白色的划分方式很容易实现，不需要做裁板处理，施工方便。另外，由于 GIS 室两面山墙各设有一个体量比较大的、用于设备运输的钢门，在整体效果上有点突兀，因此，山墙面在大门的位置考虑把红色做一个往下的延伸，使山墙面的立面效果图更具有层次。

另外 GIS 室下部有 1m 高的砌体矮墙，不宜采用压型钢板，应采用瓷砖贴面。因此，GIS 室下部的矮墙与其他部位的材质就有所不同，而且 1m 高的矮墙仅占整座 GIS 高度的 $\frac{1}{14}$，把不同材质的部位划分为第三种颜色比较合理。由于矮墙处于建筑物的底部，而且矮墙以上均为压型钢板，选用的颜色为白色和红色，因此，矮墙宜用色彩比较暗，饱和度比较高的颜色在视觉上有助于稳住整个建筑，使建筑物在感官上更稳定、更耐看。因此，矮墙部位选用灰色的蘑菇石，灰色的蘑菇石色彩较暗，而且有质感、有分量，作为建筑的勒脚又耐撞耐脏。

（二）窗饰

藏区建筑外窗一般为方形，窗顶会有一道巴苏。巴苏是在窗过梁上以木作纵横枋 2～3 层，上长下短，逐层挑出的构件。巴苏不仅起装饰作用，还具有挡雨的功能。另外，窗框两侧从巴苏下缘起做一梯形色带为巴卡，多以黑色为主，寓意辟邪驱魔。

现代藏区建筑多采用混凝土结构，巴苏、巴卡多为装饰功能，混凝土结构建筑的外装饰比较灵活，可以用混凝土浇筑，也可以用预埋件安装，还可以临时用膨胀螺钉固定，并且所用材料也与以往不用。传统的巴苏是以木作，但现在的巴苏有以 GRC 为材料的巴苏预制件，也有以 PU 为材料的巴苏预制件。这些预制件都是成型成品，安装方法亦各有不同。GRC 有一定重量，因此安装必须牢固，巴苏背部会留用钢筋头，可以通过墙上预留的埋铁与其焊接以固定巴苏。而 PU 则自重较轻，尽管不慎坠落也不至于伤人，所以 PU 巴苏可以用膨胀螺栓固定在墙上。巴苏固定牢靠以后，涂上颜色，就安装完毕，工艺简单、安装方便。

但上述安装工艺仅仅局限于混凝土结构建筑，如果巴苏要安装在钢结构建筑的压型钢板墙上，则比较复杂，工艺要求也比较高。通过前面分析过的压型钢板的构造，可以发现钢结构建筑的墙板并不承重，而且压型钢板的强度并不高，内层板为 0.6mm 厚，外层板为 0.8mm 厚，以 GRC 为材料的巴苏预制件显然不能直接固定在墙板上，必须通过背部加设檩条，进行固定。以 PU 为材料的巴苏预制件因为质量非常轻，较 GRC 材料较为合适固定在压型钢板上。但是无论是 GRC 还是 PU 巴苏，都不可避免地要穿透墙板，如果外层钢板被穿透，时间长了以后防水松脱会渗水，雨水直接深入板内的岩棉层，造成墙板发霉、生锈等情况。可见，钢结构建筑安装巴苏构件会破坏压型钢板墙体，增加墙体漏水的风险，因此钢结构建筑并不适宜设置窗顶巴苏。

巴卡为外窗一圈色带，这个在钢结构建筑中比较容易实现，钢结构建筑的门洞、窗洞四周均设有一圈檩条，门窗的边框固定在檩条上。而门窗与墙板之间的缝隙一般会包一圈钢板折件，钢板折件厂家均配有止水带，防止雨水渗入缝隙。因此，钢结构建筑巴卡的设置只要把窗周边的钢板折件采用另一种颜色就能做到，而且工艺已经非常成熟，压型钢板厂家的配件也非常齐全。

在分析了巴卡和巴苏在钢结构建筑中设置的优劣以后，最终采用巴卡而不采纳巴苏。因此，钢结构的 GIS 室的门窗周围利用钢板折件设置一圈红色的色带。

（三）收分斜墙

传统藏区建筑以块石或泥土为主要砌筑材料，在砌筑过程中墙厚会随着高度的增加

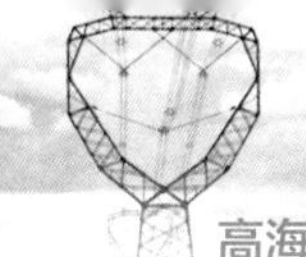

而减少，形成收分，使建筑外墙呈内倾感。收分斜墙可以使墙体重心降低，分散基础的压强，使墙体更稳固，同时具有特别的视觉效果，是藏式建筑的重要标识。

钢结构建筑与砖石结构建筑不同，钢结构建筑本体的荷载均由檩条、横梁和柱子承担，墙体不受力，因此，从受力分析来看，钢结构建筑根部不需要设置收分斜墙。如果通过改变檩条的位置去实现收分斜墙的效果，则檩条的用料则会直线增加，带角度的檩条也不容易生产加工。因此，无论从结构受力还是从生产建造工艺，亦或是经济成本等方面考虑，收分斜墙在钢结构建筑中都难以实现。

综上所述，变电站内 GIS 等钢结构建筑不采用收分斜墙的元素。

（四）雕刻与彩绘

雕刻与彩绘是藏式建筑常见装饰手法，内容多为吉祥八宝、七政宝、六长寿等，图形复杂多变，色彩丰富，多为寓意吉祥。

雕刻、彩绘虽然是传统藏区建筑的重要元素，藏区很多民居或者公共建筑或多或少都会有雕刻、彩绘的装饰元素，但钢结构建筑的表皮均为镀铝锌压型钢板，雕刻是完全不可能实现的。大面积的彩绘涂料也无法很好地附着在压型钢板表面，而且建筑表面涂画各种民建装饰不能体现工业建筑的特质风格。因此，在钢结构建筑中不考虑雕刻彩绘。

以上是传统西藏建筑元素（建筑色彩、边玛墙、巴卡、巴苏、收分斜墙及雕刻与彩绘）在变电站钢结构建筑中的适用性的分析，总结为表 3.2－1。

表 3.2－1　　西藏建筑元素在变电站钢结构建筑中适用性分析表

西藏建筑元素	采用	不采用	融入方式
建筑色彩	√		白色、红色、灰色
边玛墙	√		墙顶收分处设置红色色带（提炼、抽象）
巴苏		√	
巴卡	√		门窗周围设置色带
收分斜墙		√	
雕刻与彩绘		√	

三、小结

经过对排板布置及传统藏区建筑元素的融合的论述与分析，变电站内钢结构建筑的风格形态已经大致确定。

（1）这种融入藏区传统元素的钢结构建筑风格与内地变电站钢结构建筑风格有较大差异，内地变电站钢结构风格多符合国家电网的形象标准，颜色多为单一的国网绿，而且排列和颜色划分均为竖向，门窗也不设色带，整体观感有较大不同。

（2）这种建筑风格整体造型简约、纯净、整齐划一，能与西藏高山白雪的自然环境很好的融合，并与站内、站外建筑相协调。

（3）这种建筑风格构造牢固可靠，施工简便，在藏区变电站中已有采用这种风格的案例，已有一定的实践基础，切实可行。

第三节　藏区现代变电站建筑案例研究

一、巴宜 220kV 变电站建筑

巴宜 220kV 变电站是林芝 220kV 变电站的调度名，站址位于林芝地区八一镇东南侧的林芝县布久乡杰麦村，距离八一镇约 9km，位于规划中的林芝火车站北侧约 4km 处。海拔约 3000m。

巴宜 220kV 变电站运用用红色、白色、灰色三种藏式传统的基本色调，采用简单规整的几何形态，运用现代建筑构图手法和建造方式，使其在保留传统建筑精髓和神韵的同时方便施工。建筑外形兼具藏地建筑文化和现代工业建筑简洁大方等特点。其不同效果图见图 3.3－1～图 3.3－4。

图 3.3-1　巴宜 220kV 变电站 GIS 正面效果图

图 3.3-2　巴宜 220kV 变电站 GIS 山墙效果图

图 3.3-3　巴宜 220kV 变电站主控通信楼正面效果图

图 3.3-4　巴宜 220kV 变电站主控通信楼山墙效果图

二、新都桥 500kV 变电站建筑

新都桥 500kV 变电站站址位于四川省甘孜藏族自治州康定县瓦泽乡瓦泽村。站址东北方向直线距离四川省会成都市 260km，站址以东直线距离康定县 38km，站区北侧约 60m 处即为 G318 国道。海拔约 3500m。

新都桥 500kV 变电站是较为简洁的现代建筑风格，其外立面建筑用色均采用简单的白、红、黑三色，也是对传统藏式建筑风格在色彩上的一种呼应。建筑形体为简单的几何形体，体形较为简洁规整。建筑层数控制在 2～3 层，局部有凸出墙面的空调机板和雨篷，女儿墙压边也有部分凹凸变化的造型，相较于传统的藏区建筑这种表现手法更为简洁，取消了由下向上收分的墙体。

使用钢筋混凝土框架结构，摆脱了藏式传统民居小跨度、小空间的问题。建筑外墙材料多采用彩色钢板和砌块，外墙装饰采用面砖或涂料，使得建筑立面的组合更为自由，体现建筑随技术进步的时代感。新都桥 500kV 变电站建筑效果图见图 3.3－5～图 3.3－8。

图 3.3－5　新都桥 500kV 变电站 GIS 正面效果图

图 3.3－6　新都桥 500kV 变电站 GIS 山墙效果图

图 3.3-7　新都桥 500kV 变电站主控通信楼正面效果图

图 3.3-8　新都桥 500kV 变电站主控通信楼山墙效果图

三、山南 220kV 变电站建筑

山南 220kV 变电站站址位于桑日县南侧雅鲁藏布江峡谷内，距离县城的直线距离约 13km，距离山南州府泽当约 11.5km，属桑日县程巴村管辖。306 省道位于站址北侧，距站区的直线距离约 500m。海拔约 3700m。

山南 220kV 变电站处于藏区，同样简洁大方，没有过多的建筑装饰。为体现藏区变电站的特色，主要在建筑色彩上进行了选取配比。采用了红色、白色、灰色三种藏式传统的基本色彩。同样简洁规整的几何形态。建筑层数控制在 1～2 层，体块上没有过多的变化与修饰，仅仅通过门、窗框、雨披，对体块进行了局部的划分与变化，体现了韵律感和节奏感。

采用钢筋混凝土框架结构，摆脱了藏式传统民居小跨度、小空间的问题。建筑外墙装饰选用了真石漆，更好地适应藏区寒冷干燥的气候特点，有效防止外墙剥落和褪色。外墙真石漆为隔缝划分出石材的材质感，更贴近藏区自然环境，与环境融为一体。

总之，国网山南 220kV 变电站建筑整体风格较为简洁，有序体现了现代工业建筑地特征，同时局部体现藏式风格，与自然环境融合得较好，建筑没有过多的装饰与不必要的造型，方便实用。其不同效果图见图 3.3－9～图 3.3－12。

图 3.3－9　山南 220kV 变电站 GIS 正面效果图

图 3.3－10　山南 220kV 变电站 GIS 山墙效果图

图 3.3-11　山南 220kV 变电站主控通信楼正面效果图

图 3.3-12　山南 220kV 变电站主控通信楼山墙效果图

四、格尔木±400kV 换流站建筑

格尔木±400kV 换流站工程是与柴达木 750kV 变电站同站址合建的一项工程，站址坐落于格尔木市东南方向，G109 国道北侧，距离格尔木市中心约 46km，站址原地貌为无植被戈壁滩。地形开阔，海拔约 2870m。

该建筑色彩采用了黑、白、灰三种简洁的色彩搭配，从其建筑形态而言，其已完全挣脱了传统建筑语汇的束缚，属纯现代主义的建筑风格。建筑形体整体而言是简单的几何形体的切割，但其外立面丰富有变化，造型的凹凸、材质及色彩的对比，均在变化中求统一。局部地方采用的现代建筑语汇（如屋顶构架、立面开窗方式等）对现代藏区工业建筑进行了崭新的诠释。

格尔木±400kV 换流站建筑整体风格简洁有序，与周边建筑群体均放弃了传统藏式建筑元素，无任何多余的装饰，建筑纯为内部功能服务，是典型的现代工业建筑。其不同效果图见图 3.3－13～图 3.3－16。

图 3.3－13　格尔木±400kV 换流站建筑群主立面效果图

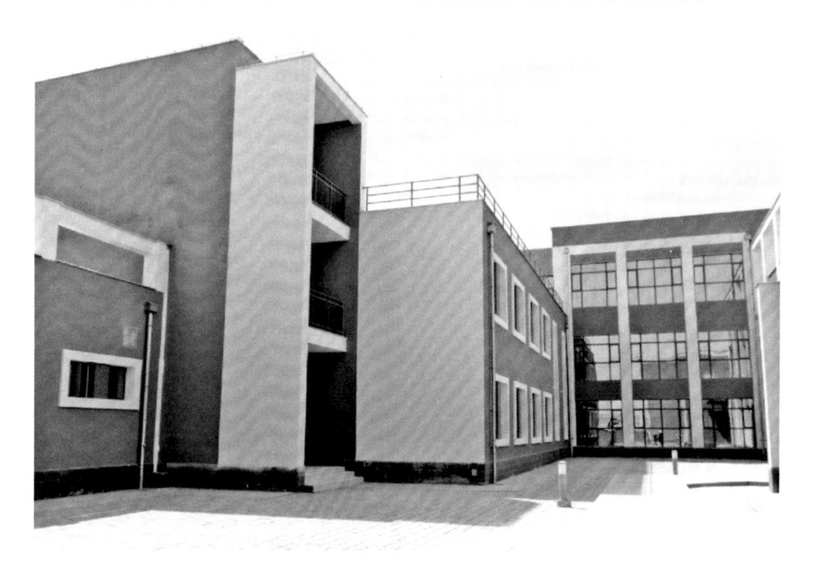

图 3.3－14　格尔木±400kV 换流站建筑群侧立面效果图

图 3.3–15　格尔木 ±400kV 换流站主控通信楼正面效果图

图 3.3–16　格尔木 ±400kV 换流站主控通信楼山墙效果图

五、果洛 330kV 变电站建筑

果洛 330kV 变电站位于青海省果洛藏族自治州玛沁县，在青海省的东南部。站址内地势开阔，地表植被发育，属于牧草地，海拔为 3705～3718m。现已投入运行。考虑到地处高寒、高海拔地区，为加快施工工期、减少湿作业，全站建筑外立面采用装配式复合压型钢板保温墙体。墙面颜色采用藏式建筑常用的藏红色和灰色，外立面既符合藏地建筑文化，又体现现代工业建筑的简洁大方。果洛 330kV 变电站建筑相关效果图见图 3.3－17～图 3.3－20。

图 3.3－17　果洛 330kV 变电站 GIS 正面效果图

图 3.3－18　果洛 330kV 变电站站用交直流配电室效果图

图 3.3－19　果洛 330kV 变电站主控通信楼正面效果图

图 3.3-20 果洛 330kV 变电站主控通信楼山墙效果图

第四章

藏中电力联网工程变电站建筑风格

第一节　藏中电力联网工程变电站建筑定位

工业建筑是社会进步、时代发展的产物。社会生产力的发展、新的生产技术及建筑材料的出现，必然有新的功能要求，新的工艺流程和崭新的建筑形式。形式追随功能，同时新的功能赋予建筑新的形式。

随着电力工程的发展和技术手段的进步，变电站建筑也是如此。在进行藏中电力联网工程变电站设计时，最先要满足电力系统的工艺流程的需求；其次要与时俱进，运用新的技术手段；最后要体现出与藏文化的地域识别性及国家电网有限公司工程的属性。

简而言之，藏中电力联网工程变电站的首要属性是变电站（工业建筑的性质），其次是体现西藏地域文化环境，并具有 21 世纪的时代特征（见图 4.1－1～图 4.1－3）。因此在变电站的设计中应融入藏文化的地域特色，进行有机组合和巧妙运用。

图 4.1－1　使用功能：变电站

图 4.1–2　地理区位：藏族地区

图 4.1–3　时代背景：新的材料和施工技艺

一、变电站区位分析

藏中电力联网工程分为“西藏藏中和昌都电网联网工程”“川藏铁路拉萨至林芝段供电工程”两条线路，共有沃卡、雅中、林芝、波密、芒康 5 个变电站和左贡开关站（见图 4.1–4），全线海拔在 2200～5300m。

藏中电力联网工程指挥图

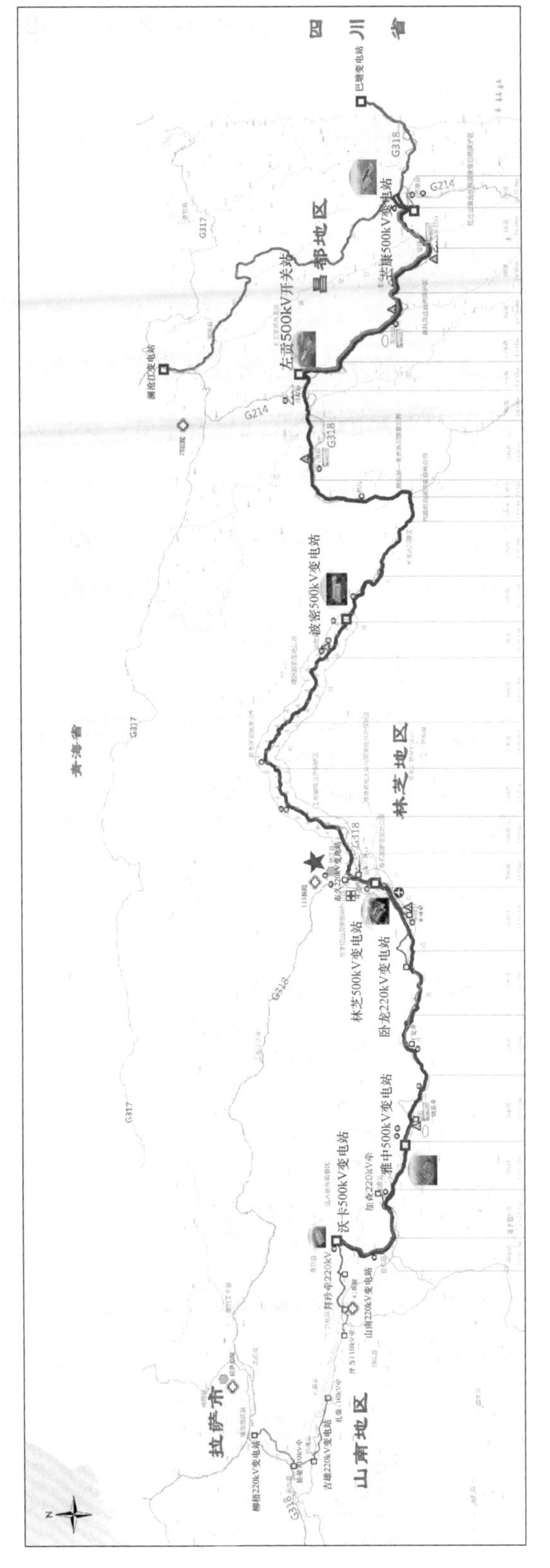

图 4.1-4 藏中电力联网工程指挥图

6个站的区位主要分为两大类：一是卫藏地区，包括林芝变电站、雅中变电站、沃卡变电站；二是康巴地区，包括芒康变电站、左贡开关站、波密变电站。

这两大类在地域文化上有一定的区分，但是反映在建筑风格上并没有明显的差别。

二、设计手法差异分析

站址交通位置的不同决定了建筑设计手法的差异化。

芒康和波密两个变电站在318国道边，交通位置重要，要充分体现藏族元素；其他几个变电站不在交通枢纽旁，更多的考虑是和整个站区的风格保持一致，适当融合藏族元素，这样的设计既符合国家电网有限公司的“两型三新一化”（资源节约型、环境友好型、新技术、新材料、新工艺、工业化），又能体现民族特色。

三、设计过程分析（提取与简化——以沃卡变电站为例）

现代工业建筑的设计手法与藏式元素相结合形成了鲜明又独特的藏式现代工业建筑风格。藏式变电站设计提取与简化见图4.1-5。

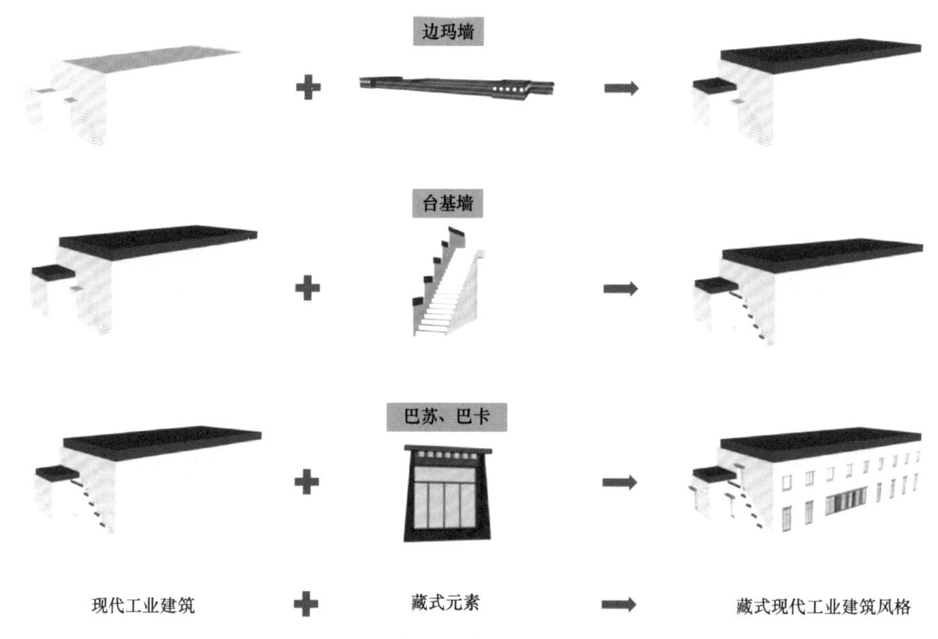

图4.1-5　藏式变电站设计提取与简化

四、藏式现代工业建筑风格的形成

传统藏文化的建筑特点与工业建筑的诸多特性，巧妙、灵活地融合在一起，形成了藏式现代工业建筑风格（见图 4.1－6）。

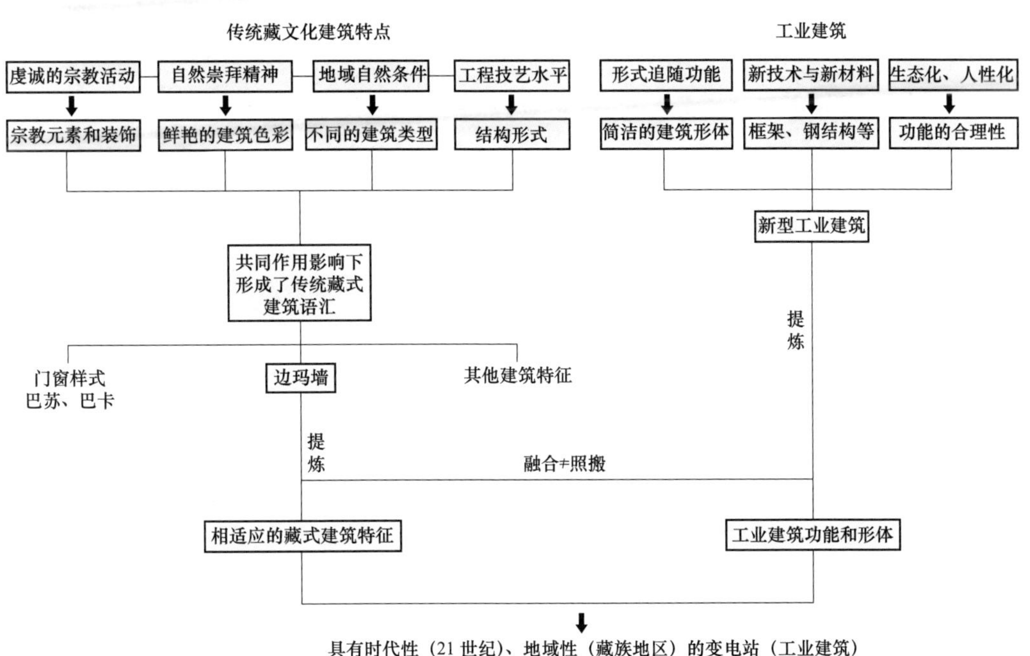

图 4.1－6　藏式现代工业建筑风格的形成

第二节　工程实践探索

一、波密 500kV 变电站

波密 500kV 变电站鸟瞰效果图与实景图分别见图 4.2－1、图 4.2－2。

图 4.2-1　波密 500kV 变电站鸟瞰效果图

图 4.2-2　波密 500kV 变电站鸟瞰实景图

（一）站址地域建筑特点

1. 场地概述

波密 500kV 变电站站址位于林芝地区波密县松宗镇龙亚村西面，距波密县县城约 25km。站址属侵蚀堆积地貌形态，两端为高山峡谷。北面地形陡峭斜坡，南面地形宽阔平缓，西面为冲洪积形成的较陡斜坡，中部自东向西呈一凹地，场区内布有较多大块石。高程为 2920～2936m，地形西低东高。波密地区风貌见图 4.2-3。

图 4.2-3　波密地区

2. 建筑形态

波密地区的民居多为墙柱混合承重的碉房，波密民居的一个典型特征是墙外立柱承托起大梁的结构形式，在西藏其他地方是较为少见的（见图 4.2-4）。

图 4.2-4　波密地区的民居建筑

3. 建筑颜色

墙体主色调为白色，白墙上的赭红色女儿墙和窗边沿黑色条，让建筑整体色调从单调变为多彩，从轻淡变为精美。

4. 装饰元素

建筑女儿墙（边玛墙）一般为棕红色色带，并以线脚和白色方块点缀，一般有窗套和窗饰。在建筑的重要功能组成部件门窗上，有涂饰和挂饰两种装饰方式。涂饰的颜色以红、黑两色较常见，常常以黑色为主。常用藏民所喜爱的白、红、黄、蓝、黑等色来打造色彩鲜艳的纹样（见图 4.2－5～图 4.2－6）。

图 4.2－5　寺庙建筑

图 4.2－6　檐口及窗户巴苏

（二）主控通信楼建筑设计

主控通信楼建筑设计汲取西藏地区独特的建筑设计元素，体现建筑地域性的特点。建筑结合站区设计，体现简洁大方的现代工业建筑的气质。

主控通信楼建筑设计结合总图布置，体形为“一”字形，内含走廊设计，平面布置紧凑、功能分区明确，很好地满足变电站各功能房间需求，体现了功能与形式的统一。为打破立面横向窄长，建筑两端加高女儿墙，形成塔楼造型；同时立面窗户采用竖向窄长，创造出视觉的高度感。通过门窗、女儿墙、台阶、室外楼梯、勒脚等建筑细部刻画，汲取藏区民居建筑元素，体现对比中求协调，变化中求统一。主入口雨篷柱廊造型方圆结合，形体端庄大方，醒目突出，起到很好的导向作用。建筑外墙面采用米白色和藏红色真石漆，形成层次分明，富有藏区民族色彩的立面效果。

1. 比选方案

主控通信楼建筑比选方案具有山体相连、波密取意、特色鲜明、和谐统一的特点（见图 4.2–7）。

图 4.2–7　波密 500kV 变电站主控通信楼效果图（比选方案）

（1）山体相连。建筑整体造型呼应周围群峰，如同 3 座山峰相连，与群山环抱融为一体。同时附属警卫室与主体建筑造型呼应，形成峰峦叠嶂的设计形式。

（2）波密取意。附属警卫室建筑造型似汉语拼音“BO”，主控通信楼造型似拼音“MI”，隐含“波密”之意。“形”简意赅，独具匠心。

（3）特色鲜明。此建筑采用传统藏式风格元素同时结合现代建筑设计手法，体现变电站工业建筑简洁、大方的特点。

（4）和谐统一。主控通信楼门廊与警卫传达室及变电站围墙采用统一风格的柱式，形成完整的建筑群体，形式多样、气势庄重。

2. 已建方案

已建主控通信楼建筑方案具有庄重开朗、稳固厚重、藏汉结合、层次分明的特点（见图 4.2–8）。

图 4.2-8　波密 500kV 变电站主控通信楼效果图（已建方案）

（1）庄重开朗。此建筑采用了平衡、对比、和谐统一的设计手法，相互呼应，通透之中隐现庄重和威严，符合藏式传统建筑的构图规律和审美思想。

（2）稳固厚重。此建筑两端的收分墙体和柱网结构使建筑中心下移，柱廊结构扩大了建筑空间，提升了建筑的视觉冲击力。室外疏散楼梯融合布达拉宫步道形式，体现了地方特色。

（3）藏汉结合。此建筑样式采用藏式、汉式相结合的手段，构图和谐、色彩明快，与雪域高峰遥相呼应，营造出一种纯朴、自然、伟岸的鲜明特色，既美化了建筑立面又不失藏族传统风格，充分体现了现代建筑特点及藏汉大和的民族文化。

（4）层次分明。此建筑突破了藏式传统建筑设计手法，采用平衡对称形式的同时，若干体块前后上下错落，层次分明，结合周边雪峰绿地，突出了旷静温和的办公氛围。

波密 500kV 变电站主控通信楼一层平面图、二层平面图、主立面图、次立面图及侧立面图分别如图 4.2-9～图 4.2-14 所示。

（三）站内其他建筑设计

站内其他主要建筑物包括警卫室、GIS 室、站用配电间等。

警卫室、围墙与主控通信楼门廊采用统一的风格柱式、色彩组合，形成完整的建筑群体，气势庄重恢宏。警卫传室延续了主控通信楼的设计手法，从形态、构造、色彩等多方面进行表现，细部表达深刻。波密 500kV 变电站警卫室及围墙建筑效果图见图 4.2-15，GIS 室建筑效果图及立面图、剖面图见图 4.2-16～图 4.2-19。

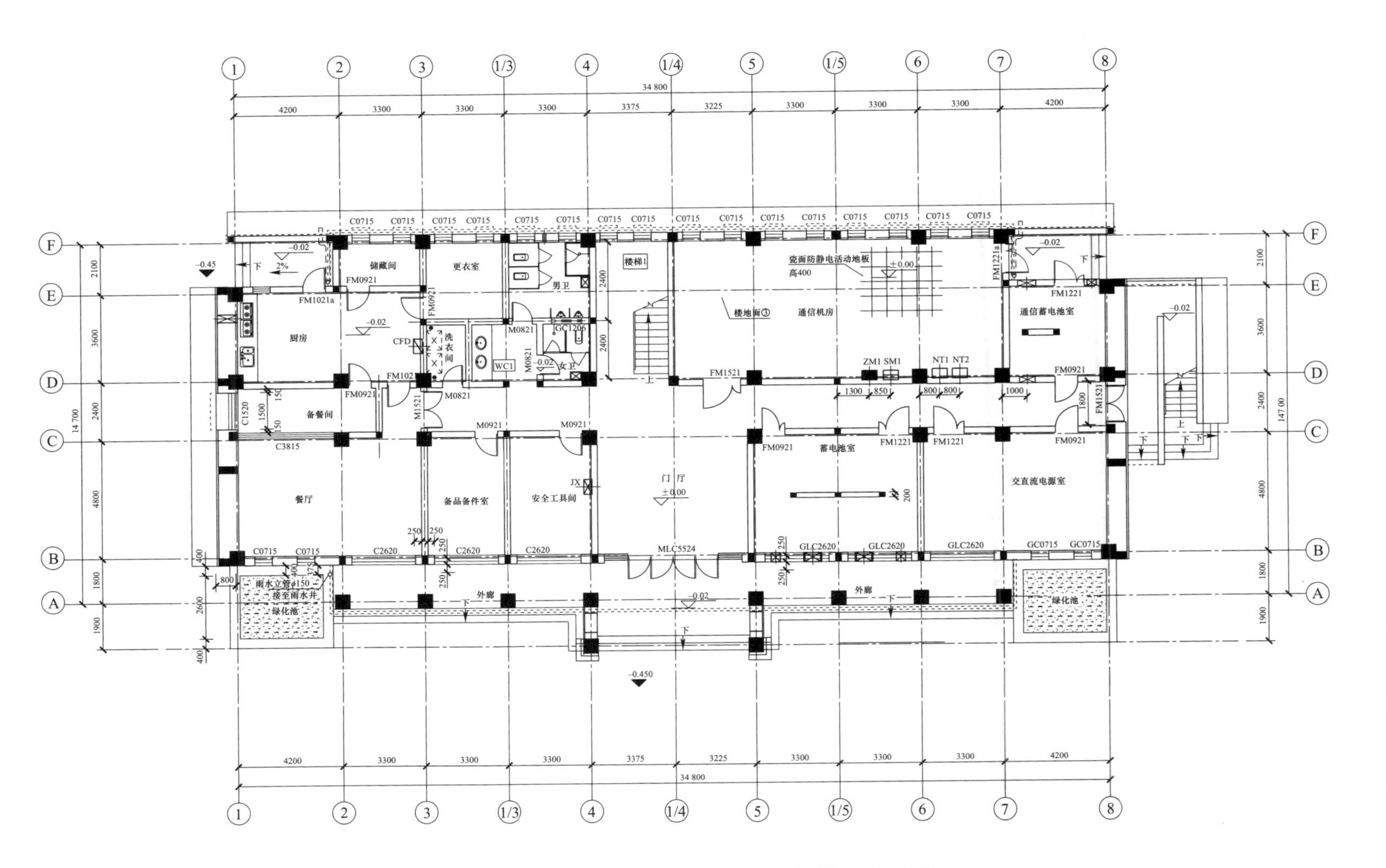

图 4.2-9 波密 500kV 变电站主控通信楼一层平面图

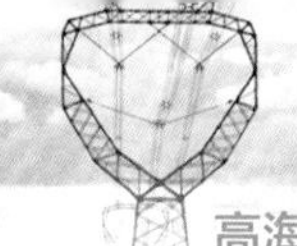

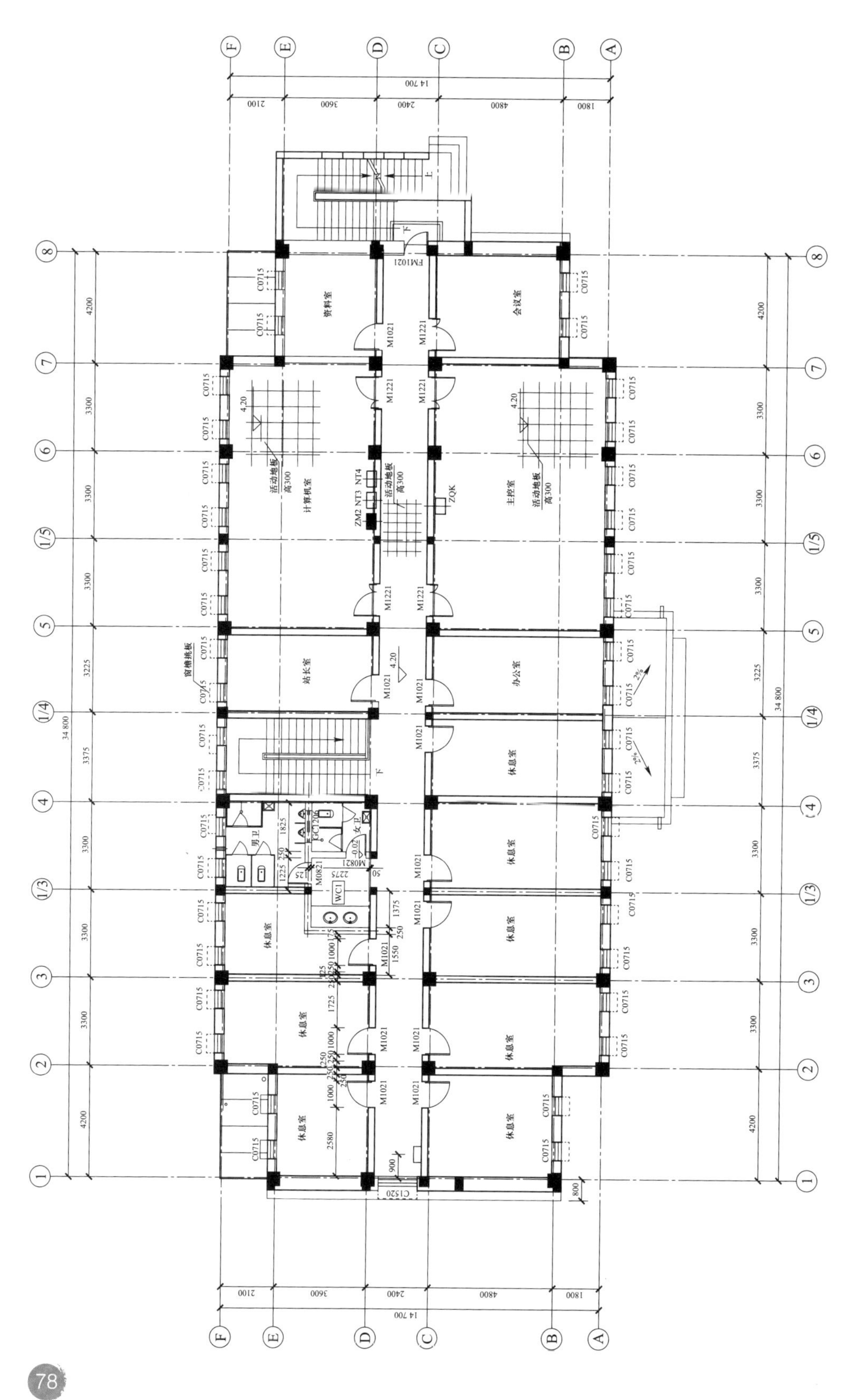

图 4.2-10　波密 500kV 变电站主控通信楼二层平面图

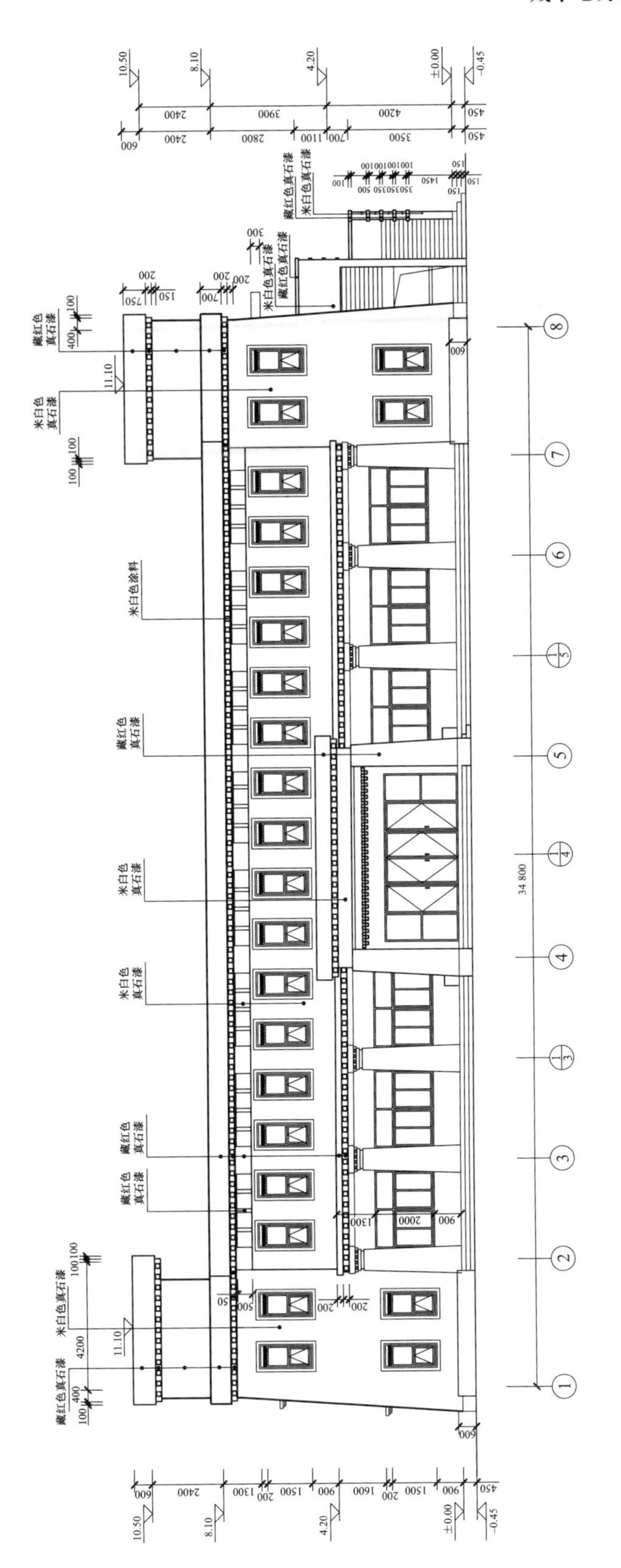

图 4.2-11　波密 500kV 变电站主控通信楼主立面图

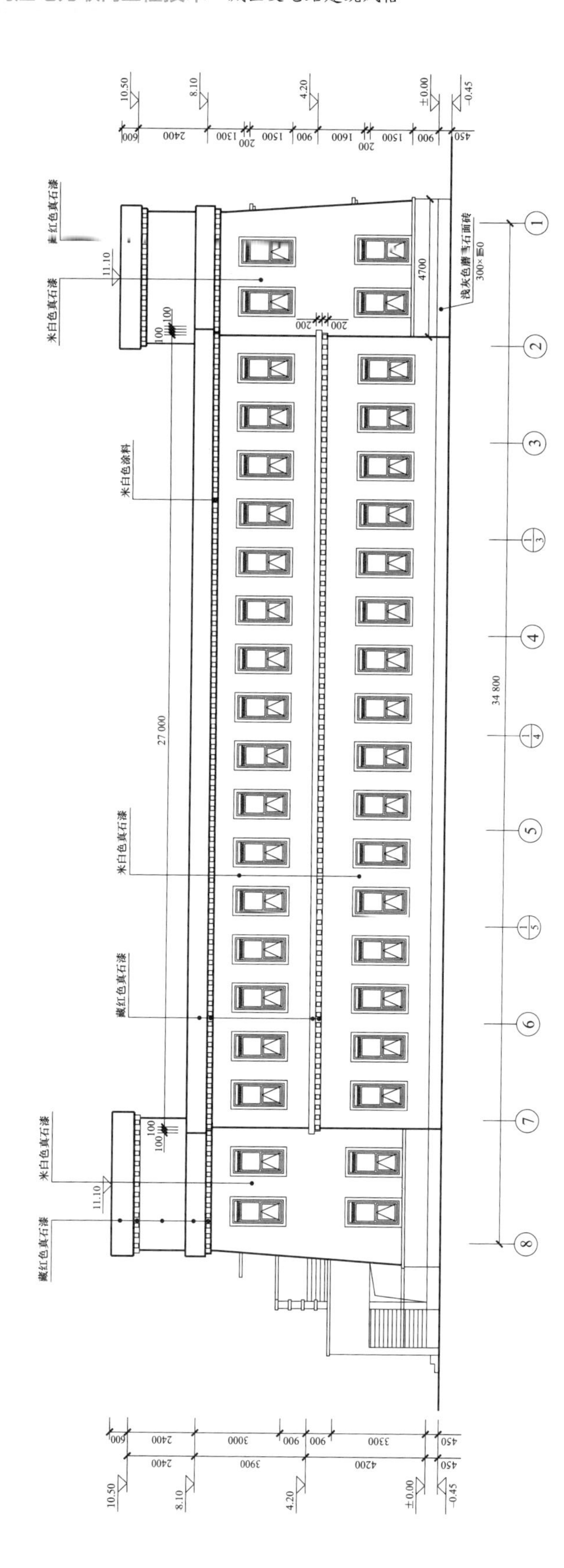

图 4.2-12　波密 500kV 变电站主控通信楼次立面图

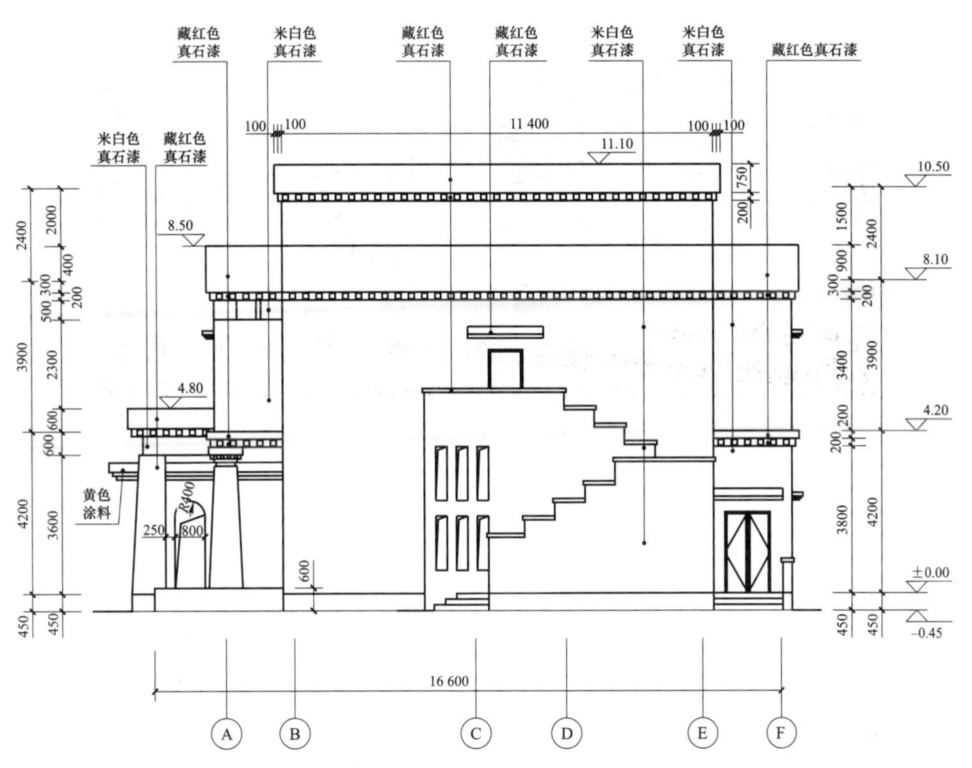

图 4.2−13　波密 500kV 变电站主控通信楼侧立面图 1

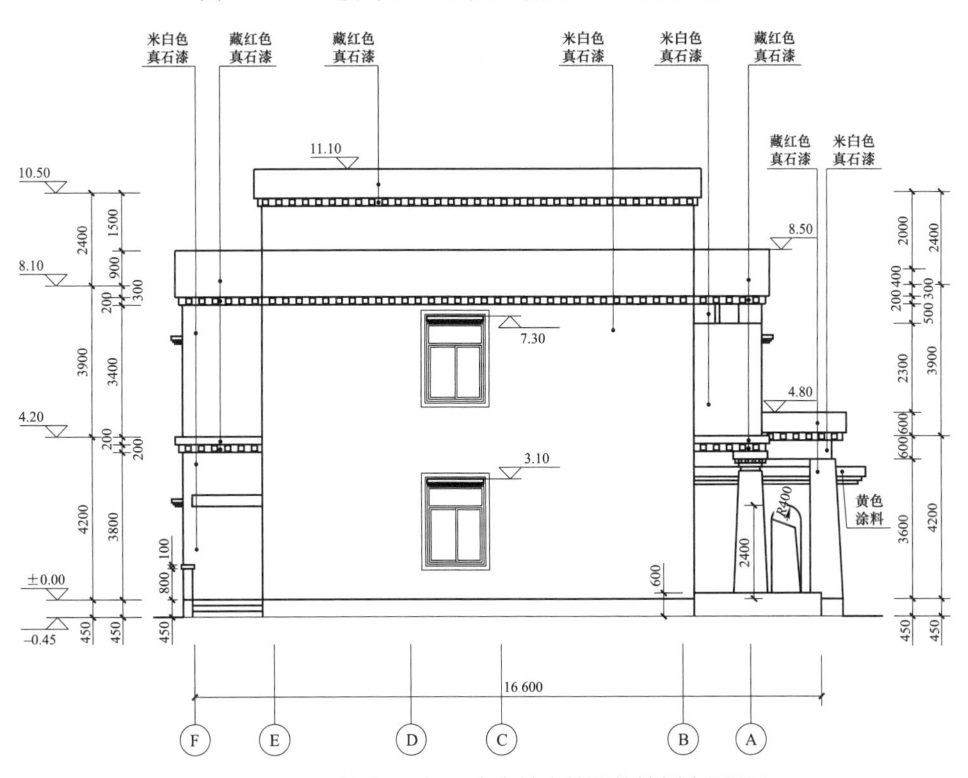

图 4.2−14　波密 500kV 变电站主控通信楼侧立面图 2

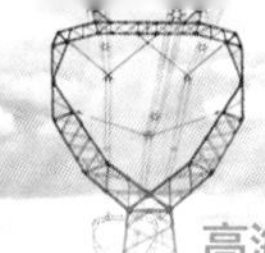

图 4.2-15　波密 500kV 变电站警卫室及围墙建筑效果图

图 4.2-16　波密 500kV 变电站 GIS 室建筑效果图

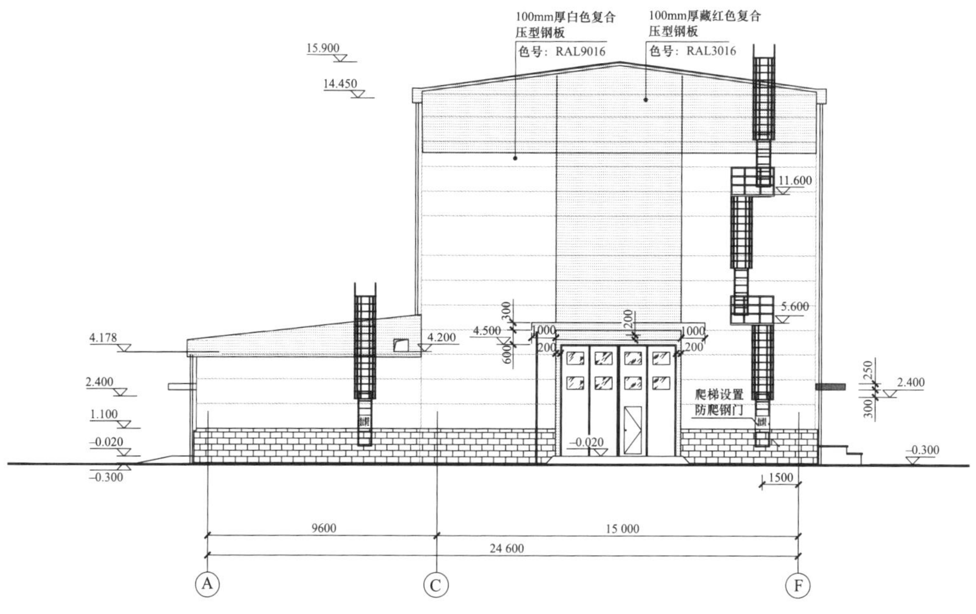

图 4.2-17　波密 500kV 变电站 GIS 室建筑立面图 1

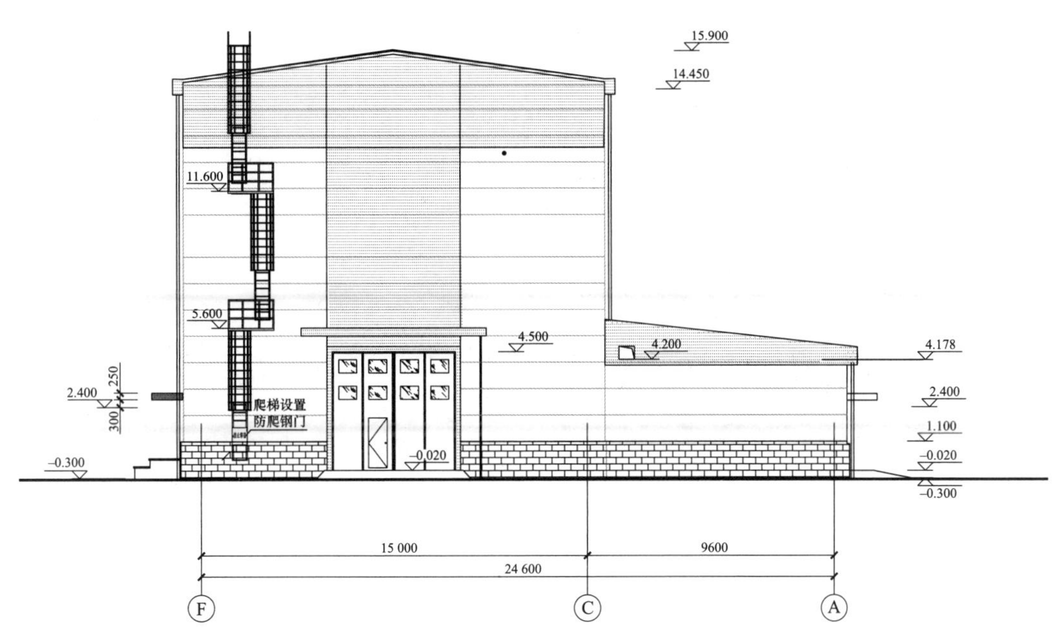

图 4.2–18　波密 500kV 变电站 GIS 室建筑立面图 2

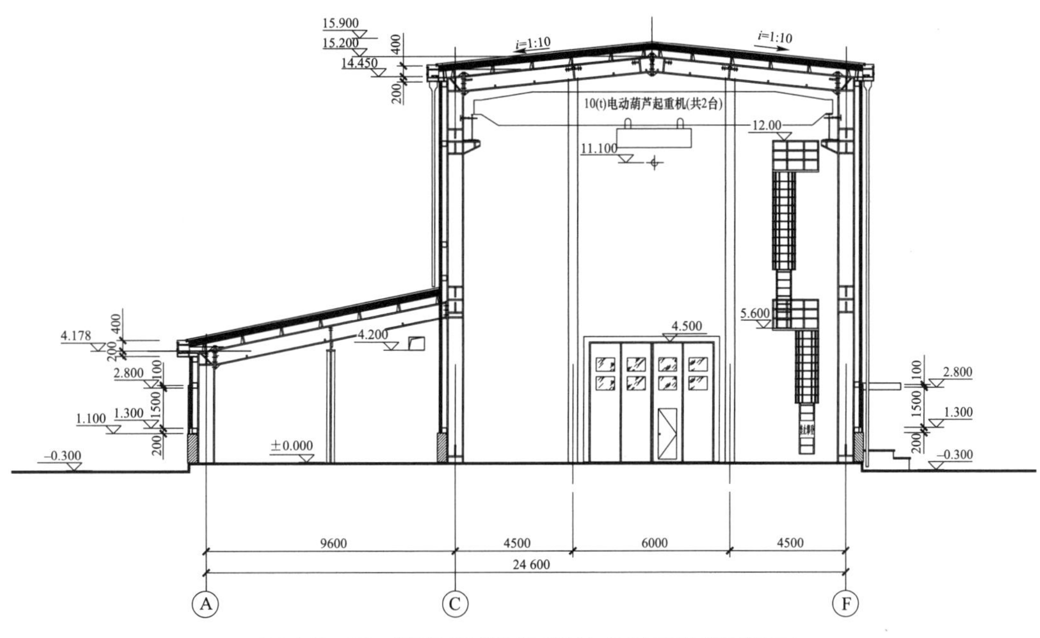

图 4.2–19　波密 500kV 变电站 GIS 室建筑剖面图

二、芒康 500kV 变电站

芒康 500kV 变电站鸟瞰效果图与实景图分别见图 4.2–20、图 4.2–21。

图 4.2-20　芒康 500kV 变电站鸟瞰效果图

图 4.2-21　芒康 500kV 变电站鸟瞰实景图

（一）站址地域建筑特点

1. 场地概述

芒康 500kV 变电站站址位于芒康县西，距离芒康县约 8.8km。站址北依 G214（G318）国道，其他三侧均为草地，东西长 1.2km 左右，南北宽 1.0km 左右。地形平坦、地势较开阔，地势由西北向东南倾斜，坡度小于 5.0%。西侧有一条乡村之间的砂石路，进站道路由站区北侧 G318 国道引接。

2. 建筑形态

当地建筑多为墙柱混合承重的碉房，采用墙外立柱承托起大梁的结构方式，且建筑大多为高低错落的平屋顶，是芒康民居的一个重要特点。

3. 建筑颜色

本地建筑外墙多以白色、红色为主，辅以白、黑（灰）、黄、蓝色等装饰于女儿墙、门窗框等。

4. 装饰元素

建筑女儿墙（边玛墙）一般为红色色带，建筑檐口压顶处设置有凸出外墙面的托梁，托梁是颜色最为丰富的装饰部位，其次就是门楣和窗楣装饰。芒康地区民居见图 4.2–22。

图 4.2–22　芒康地区民居

（二）主控通信楼建筑设计

芒康 500kV 变电站主控通信楼建筑外立面设计中，造型上提炼出的平屋顶、檐口托梁、边玛墙、巴苏、巴卡等建筑构件元素，颜色上采用女儿墙的红色，多种颜色点缀的女儿墙压顶托梁装饰。通过结合现代化的建筑材料、建筑技术并融合当地建筑风格，不仅充分体现了现代工业建筑的特点，还与周围环境融为一体。

1. 比选方案

芒康 500kV 变电站主控通信楼建筑方案（见图 4.2–23）在建筑外立面上简洁，藏式建筑的色彩特征浓郁，造型朴素又极具现代工业感，但没有充分融入藏区文化的细节处理。

图 4.2–23　芒康 500kV 变电站主控通信楼建筑效果图（比选方案）

芒康 500kV 变电站主控通信楼建筑比选方案在构图、色彩、元素运用等方面进行了研究：

（1）构图手法上，立面通过建筑局部层高变化和女儿墙高低来丰富建筑外立面的空间感，大部外窗窗户呈规律性、对称排列布置形成韵律感。

（2）建筑使用红、白、黄等传统藏式色彩，色彩协调中有变化，变化中求均衡。

（3）整个建筑外立最为突显的是外窗上方悬挑的巴苏和藏红色的女儿墙，巴苏和藏红色女儿墙在藏式传统建筑的基础上进行了简约化设计，赋予建筑外立面丰富的藏地特色，又不失现代工业建筑感。

比选方案虽然在建筑风格上结合了本地传统藏式建筑的一些特点并采用现代建筑简洁规整的手法，整个立面大胆的简约版边玛墙、夸张的简洁的巴苏，与当地建筑风格比神似而不形似，因此比选方案在外立面设计上藏式建筑风格不够突出。

2. 已建方案

芒康 500kV 变电站主控通信楼建筑已建方案（见图 4.2–24）的主要特点如下：遵

从当地建筑环境，在建筑外立面上大胆贴近融合当地建筑风格；主入口采用凹式入口，利于防寒抗低温；利用建筑层高、女儿墙高低，使建筑高低起伏，利用外立面材料及色带的横竖交错，时刻营造建筑空间画面的丰富感。

图 4.2-24　芒康 500kV 变电站主控通信楼建筑实景图

整体协调，做到建筑构图上打破立面的单调，门厅凹入建筑立面高低错落造型构造丰富，按建筑体量设置勒脚高度，建筑色彩明快又不失大气沉稳。芒康 500kV 变电站主控通信楼建筑局部截图见图 4.2-25。

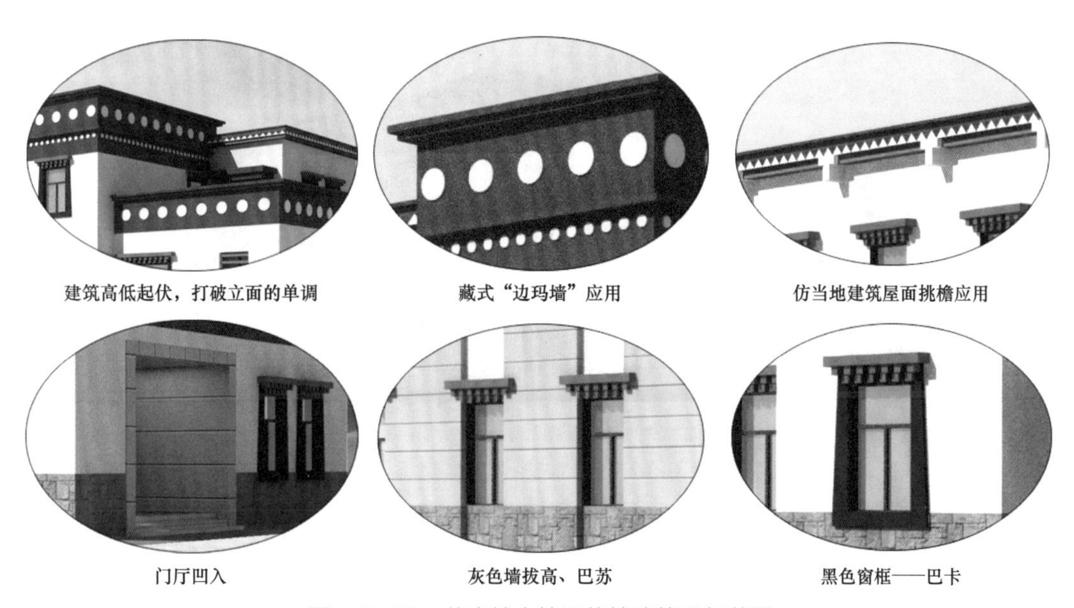

图 4.2-25　芒康站主控通信楼建筑局部截图

芒康 500kV 变电站主控通信楼建筑已建方案（见图 4.2－26），在外立面设计上融入当地建筑环境，从建筑构图、色彩、元素运用等方面进行了研究：

（1）建筑立面构图上通过建筑主入口、楼梯间等局部层高变化和女儿墙高低使建筑高低起伏，打破立面的单调，突出主入口门厅区域。侧入口门厅采用凹入式，可防强风、御严寒，也运用大出挑的雨篷，充分发挥遮阳的效果。

（2）建筑使用红、白、灰、蓝、黄等传统藏式色彩，立面上通过色带横竖交错变化，在变化中求的均衡。整个建筑外立最为突显的是外窗上方悬挑的巴苏和藏红色的女儿墙，巴苏和藏红色女儿墙在藏式传统建筑的基础上进行了简约化设计，赋予建筑外立面丰富的藏地特色，又不失现代工业建筑感。

（3）在建筑外立面设计上提取各种藏式建筑构件采用现代建筑工艺进行装饰。点缀在藏红色女儿墙上的白色圆形构件、黑色窗框“巴卡”、黄色“巴苏”，仿当地建筑屋面挑檐装饰构件等均采用工厂预制式的 GRC，GRC 的应用环保节约，受温差变化变形小，施工工序简单，有效节约工期。

图 4.2－26　芒康 500kV 变电站主控通信楼建筑效果图（已建方案）

芒康 500kV 变电站主控通信楼建筑一层平面图、二层平面图、主立面图、次立面图、侧立面图及剖面图见图 4.2－27～图 4.2－33。

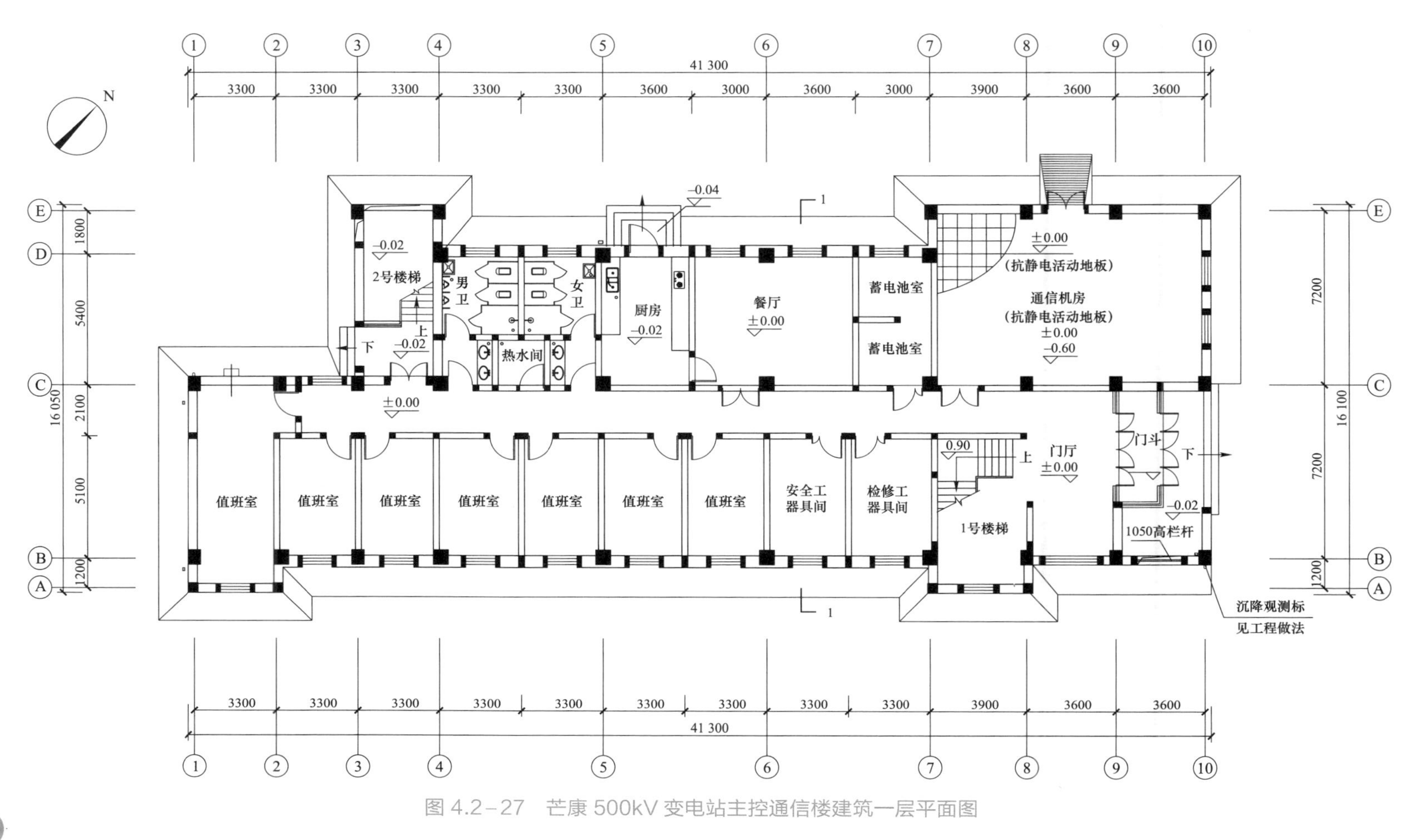

图 4.2-27 芒康 500kV 变电站主控通信楼建筑一层平面图

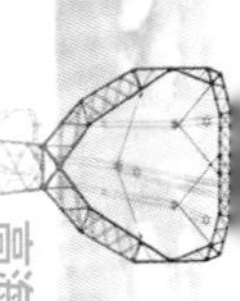

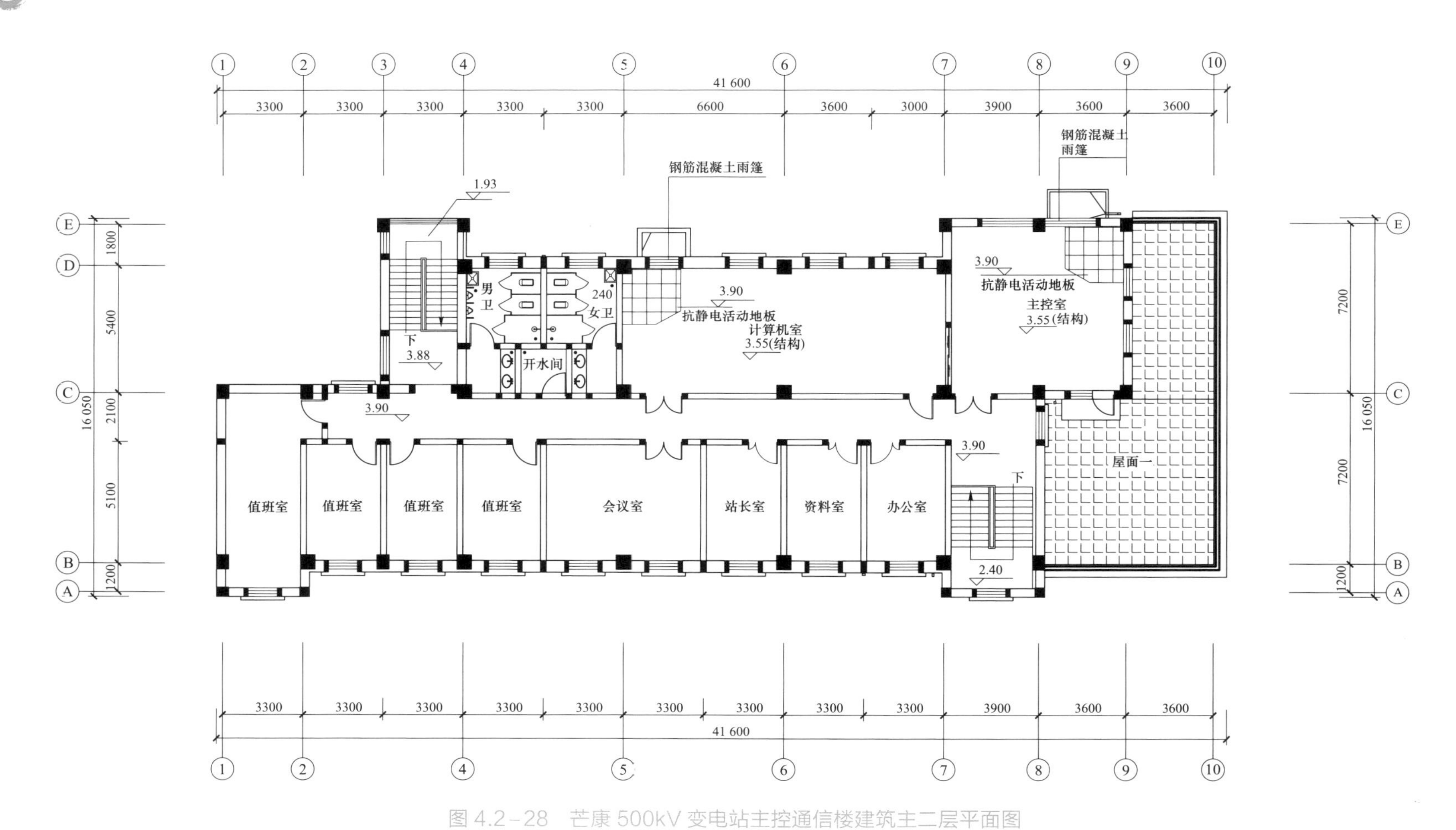

图4.2-28　芒康500kV变电站主控通信楼建筑主二层平面图

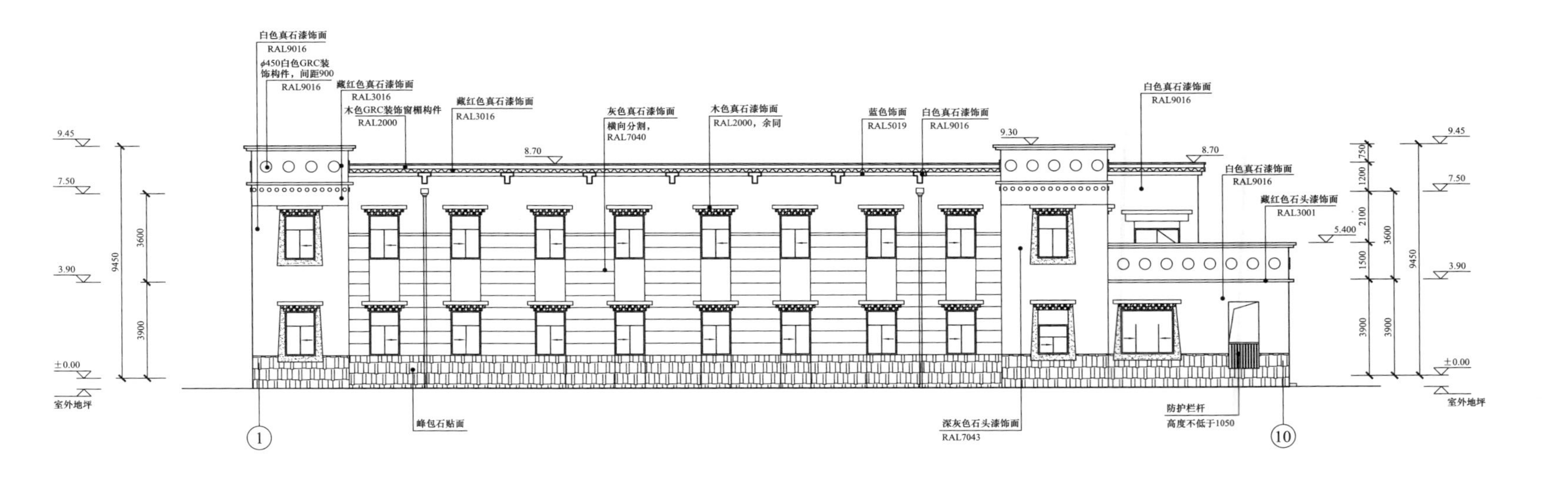

图 4.2-29 芒康 500kV 变电站主控通信楼建筑主立面图

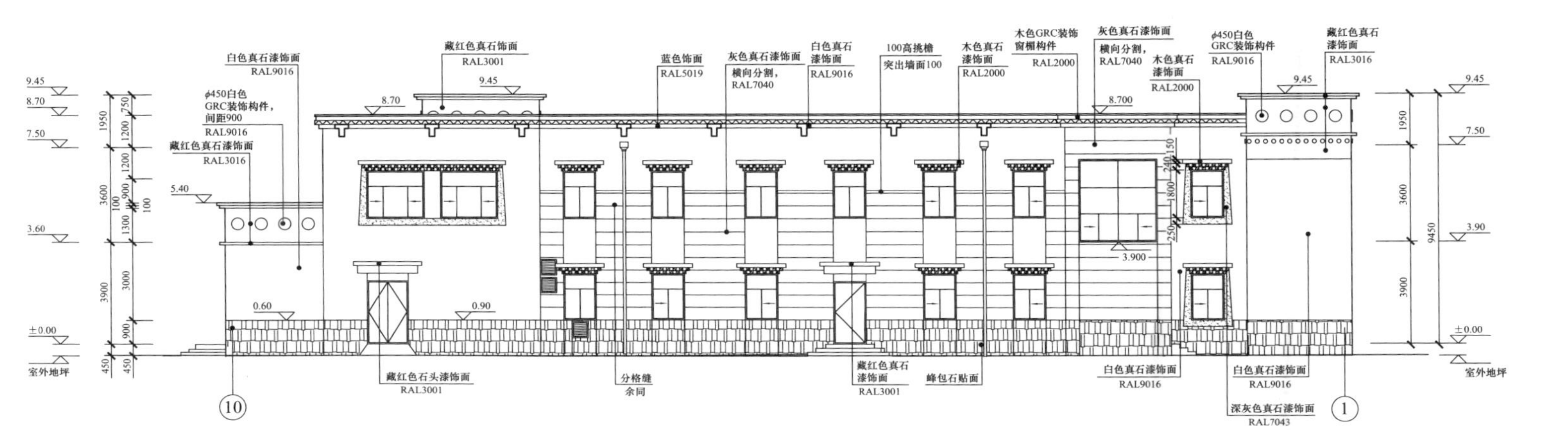

图 4.2-30 芒康 500kV 变电站主控通信楼建筑次立面图

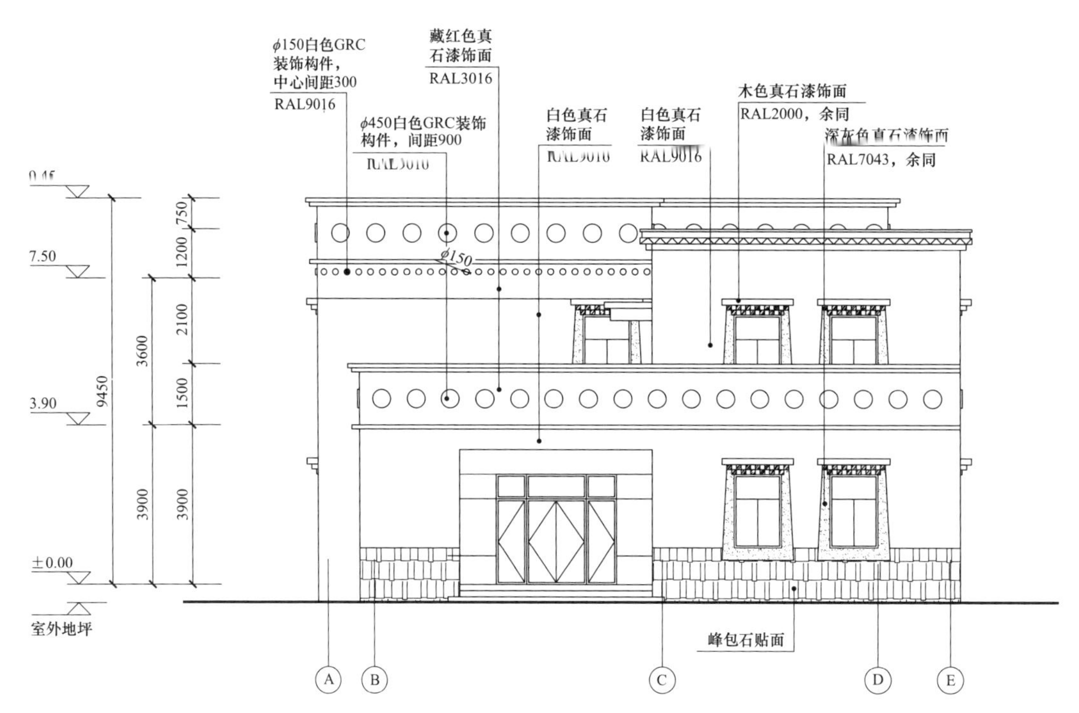

图 4.2-31　芒康 500kV 变电站主控通信楼建筑侧立面图 1

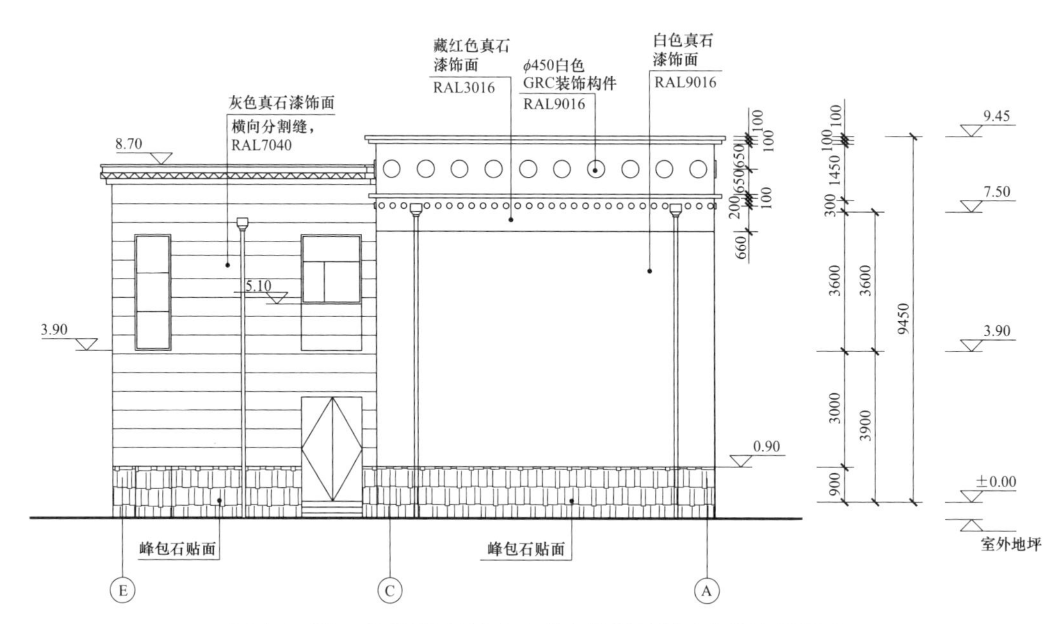

图 4.2-32　芒康 500kV 变电站主控通信楼建筑侧立面图 2

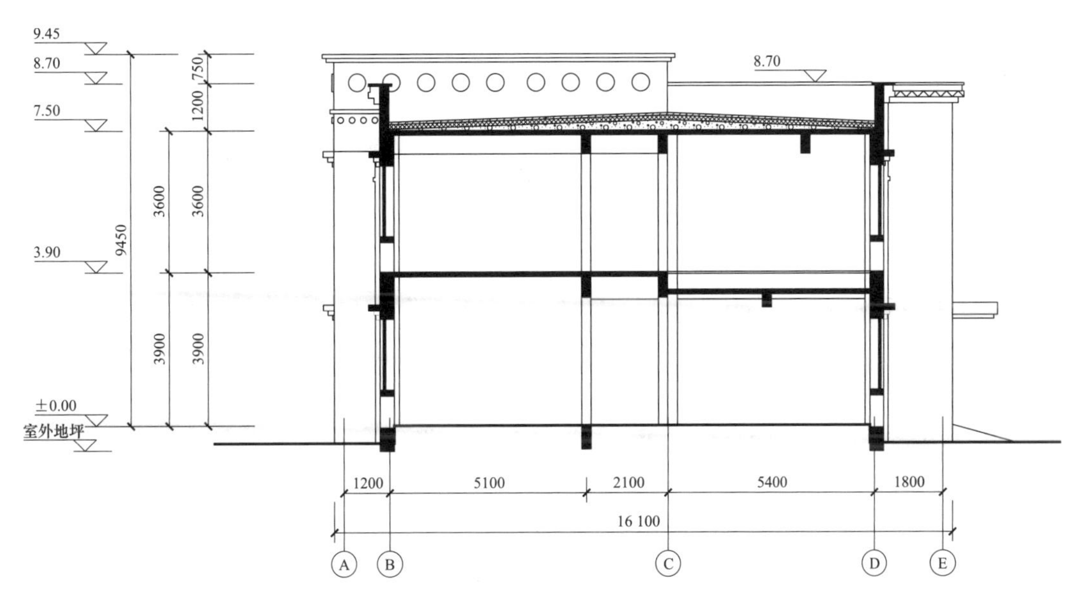

图 4.2–33　芒康 500kV 变电站主控通信楼建筑剖面图

（三）站内其他建筑设计

芒康 500kV 变电站内其他建筑除主控通信楼外还有警卫传达室及大门、GIS 室（见图 4.2–34～图 4.2–36）等，其建筑外立面与主控通信楼建筑外立面协调统一。

（1）在建筑外立面颜色设计上均以白色为主，藏红色、深灰色为辅。围墙柱及围墙压顶为藏红色压顶点缀白色，其余墙身以白色真石漆涂料饰面。

（2）在建筑外立面设计上提取传统藏式建筑元素采用现代建筑工艺进行装饰。建筑顶部墙体或女儿墙仿边玛墙设计为藏红色，点缀白色 GRC 圆形构件，与主控通信楼外立面协调。

（3）运用当地的原材料进行建筑装饰。建筑的勒脚均以浅灰色蘑菇石面砖饰面保护。

图 4.2–34　芒康 500kV 变电站警卫传达室及大门效果图

图 4.2-35　芒康 500kV 变电站 GIS 室效果图

图 4.2-36　芒康 500kV 变电站 GIS 实景图

站内形成了一个简洁、美观的建筑群，旨在用简约的藏式构造及现代建筑设计手法，打造西藏独特的现代变电站建筑风格。

三、沃卡 500kV 变电站

沃卡 500kV 变电站鸟瞰效果图及实景图见图 4.2-37、图 4.2-38。

（一）站址地域建筑特点

1. 场地概述

沃卡 500kV 变电站站址位于西藏山南地区（见图 4.2-39、图 4.2-40），桑日县城白堆乡许木村，场地总体坡度平缓，高程为 3882～3904m。

图 4.2-37　沃卡 500kV 变电站鸟瞰效果图

图 4.2-38　沃卡 500kV 变电站鸟瞰实景图

2. 建筑形态

当地建筑多为钢筋混凝土或石墙建筑，建筑立面较丰富。站址附近村落建筑为山南地区民居样式，平顶四周多设有墙垛。

3. 建筑颜色

外墙多以白色、红色为主，红色则为所有建筑均带有的颜色，深灰色多用于窗套部位。

4. 装饰元素

建筑女儿墙（边玛墙）一般为棕红色色带，并以线脚和白色方块点缀，一般有窗套和窗饰。

图 4.2-39　山南地区实景图

图 4.2-40　山南地区建筑实景图

（二）主控通信楼建筑设计

主控通信楼建筑把传统藏式建筑边玛墙、巴苏、巴卡等元素提炼出来，经过抽象化处理，结合现代手法运用到建筑中，使现代建筑体现当代传统建筑文化。主控通信楼建筑与场地内建筑风格高度统一，既融入环境，又突出重点。在建筑立面确定的过程中，我们进行多方案比较，兼顾了传统与现代、形式与功能，选取了功能合理、经济可行的实施方案。

1. 比选方案

沃卡 500kV 变电站主控通信楼建筑比选方案 1（见图 4.2–41、图 4.2–42），在构图、色彩、元素运用、材料等方面进行了研究：

（1）构图手法上，立面通过窗户的规律性排列形成韵律感，入口门厅的木制格栅在统一中有变化。

（2）建筑使用红、白、黄等传统藏式色彩，色彩协调中有变化，变化中求均衡。

（3）巴苏采用木质构件，巴卡以斜面形式和强烈的立体凹入，力求达到防寒保温和防风等效果，与当地的气候特色相协调，但没有结合藏式窗框收分的造型特点。

（4）结合山南地区建筑取材特点，表皮利用木材、石材等原生态传统材料，尊重自然，体现出建筑地域特色。

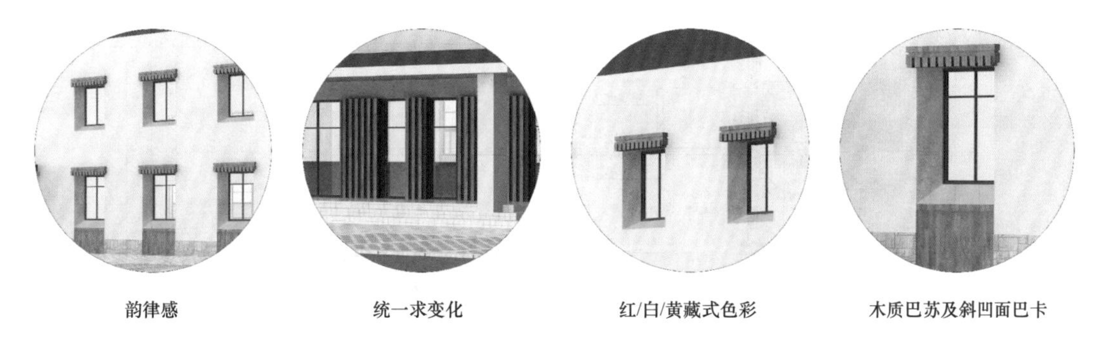

图 4.2–41　沃卡站主控通信楼建筑细部图（比选方案 1）

图 4.2–42　沃卡 500kV 变电站主控通信楼建筑效果图（比选方案 1）

但总体来说本方案虽然在建筑风格上采用现代建筑简洁规整的手法，结合了藏式传统建筑的一些特点，但外立面材料的耐久性不强，并且藏式建筑风格不够突出。

沃卡主控通信楼建筑比选方案 2（见图 4.2-43、图 4.2-44），从构图、比例、尺度、色彩、元素运用、材料等方面进行了研究：

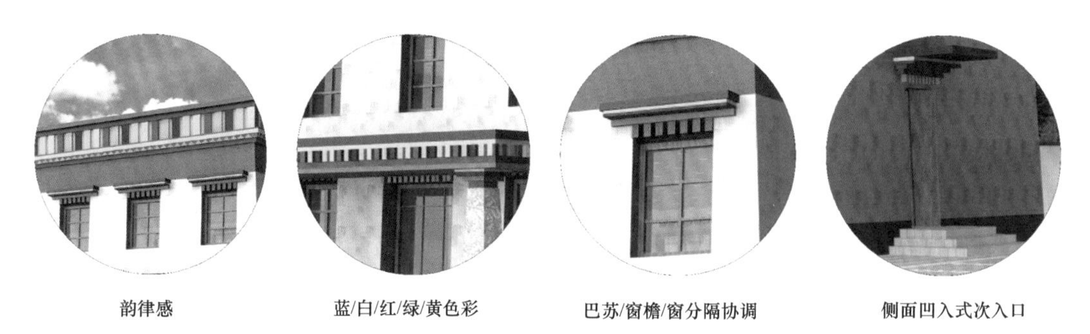

图 4.2-43　沃卡 500kV 变电站主控通信楼建筑细部图（比选方案 2）

图 4.2-44　沃卡 500kV 变电站主控通信楼建筑效果图（比选方案 2）

（1）立面通过窗户、连续性的五色形成韵律感，建筑整体及局部构件比例协调、尺度均衡。

（2）建筑借用五彩经幡的蓝、白、红、绿、黄五种颜色，檐口和大厅入口雨篷均使用五色进行点缀，建筑立面装饰线条在边玛墙和窗户挑檐统一色彩和形式，立面元素相互协调统一。

（3）巴苏采用统一色彩和形式的木质构件，力求达到遮阳防晒的效果；窗户分隔也采用木质分隔，材质和色调与巴苏统一。

（4）结合山南地区建筑取材特点，合理使用本土材料，表皮运用木材、石材等原生态传统材料，藏文化风格相当浓郁。

（5）东西侧面入口门厅采用凹入式，可防强风、御严寒，又运用大出挑的雨篷充分发挥遮阳的效果。

本方案建筑赋有浓郁的藏文化特色，但色彩繁复、线条繁琐、施工难度大，不能和工业建筑简洁大方的气质协调。

2. 已建方案

沃卡 500kV 变电站主控通信楼建筑已建方案（见图 4.2–45～图 4.2–55），从构图、比例、尺度、色彩、元素运用、材料、遮阳、柱构件等方面进行了研究：

（1）立面通过窗户、边玛墙构件形成韵律感，建筑整体及局部构件比例协调、尺度均衡。

（2）建筑选用白色和藏红色两种藏区最经典的色彩，边玛墙和大厅入口雨篷均使用白方块 GRC 构件以藏红色衬底进行点缀，构成色彩鲜明和强韵律感的图底关系。巴苏的装饰构件尺寸相比边玛墙稍小，因为边玛墙的装饰构件尺寸相对建筑整体而言，而巴苏的装饰构件尺度则相对窗户而言，两者在各自尺度上相得益彰。

（3）结合山南地区建筑取材特点，合理使用本土材料，表皮利用石材这类坚固的原生态传统材料作为勒脚，保护建筑外立面，同时又运用了现代建筑外墙涂料，进行外立面装饰，简化施工并节约造价。

（4）侧入口门厅采用凹入式，可防强风、御严寒，也运用大出挑的雨篷，充分发挥遮阳的效果。

（5）柱子借鉴并简化传统的藏式收分式柱形式，柱头点缀红色，与上部雨篷装饰构件在色彩上进行自然地完美过渡。

沃卡 500kV 变电站主控通信楼建筑已建方案，建筑藏式风格浓郁，建筑的构造有细节，同时体现出了工业建筑简洁大方的特点。

图 4.2-45　沃卡 500kV 变电站主控通信楼建筑细部图（已建方案）

图 4.2-46　沃卡 500kV 变电站主控通信楼建筑效果图（已建方案）

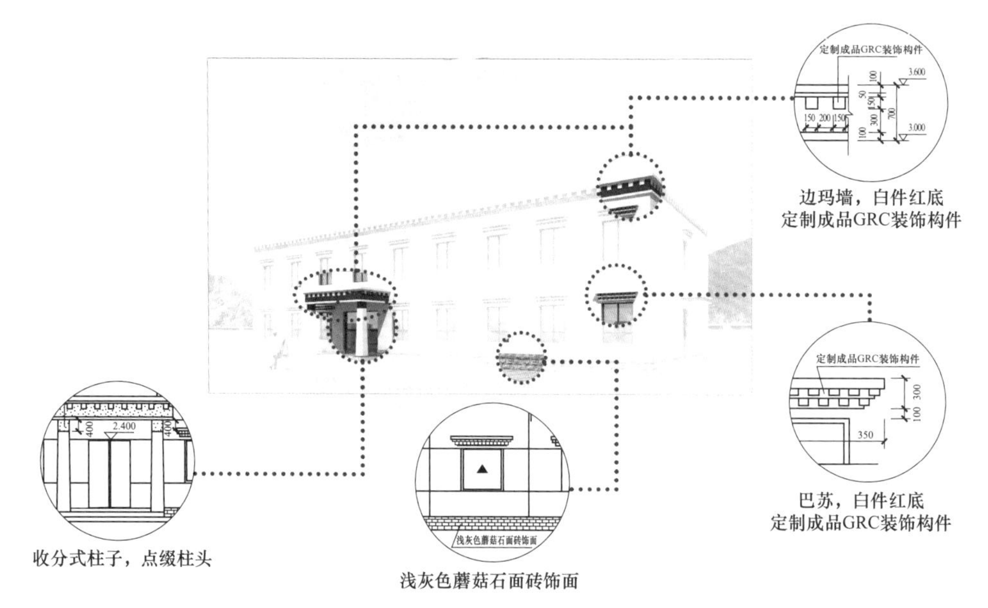

图 4.2-47　沃卡 500kV 变电站主控通信楼建筑细部实施图（已建方案）

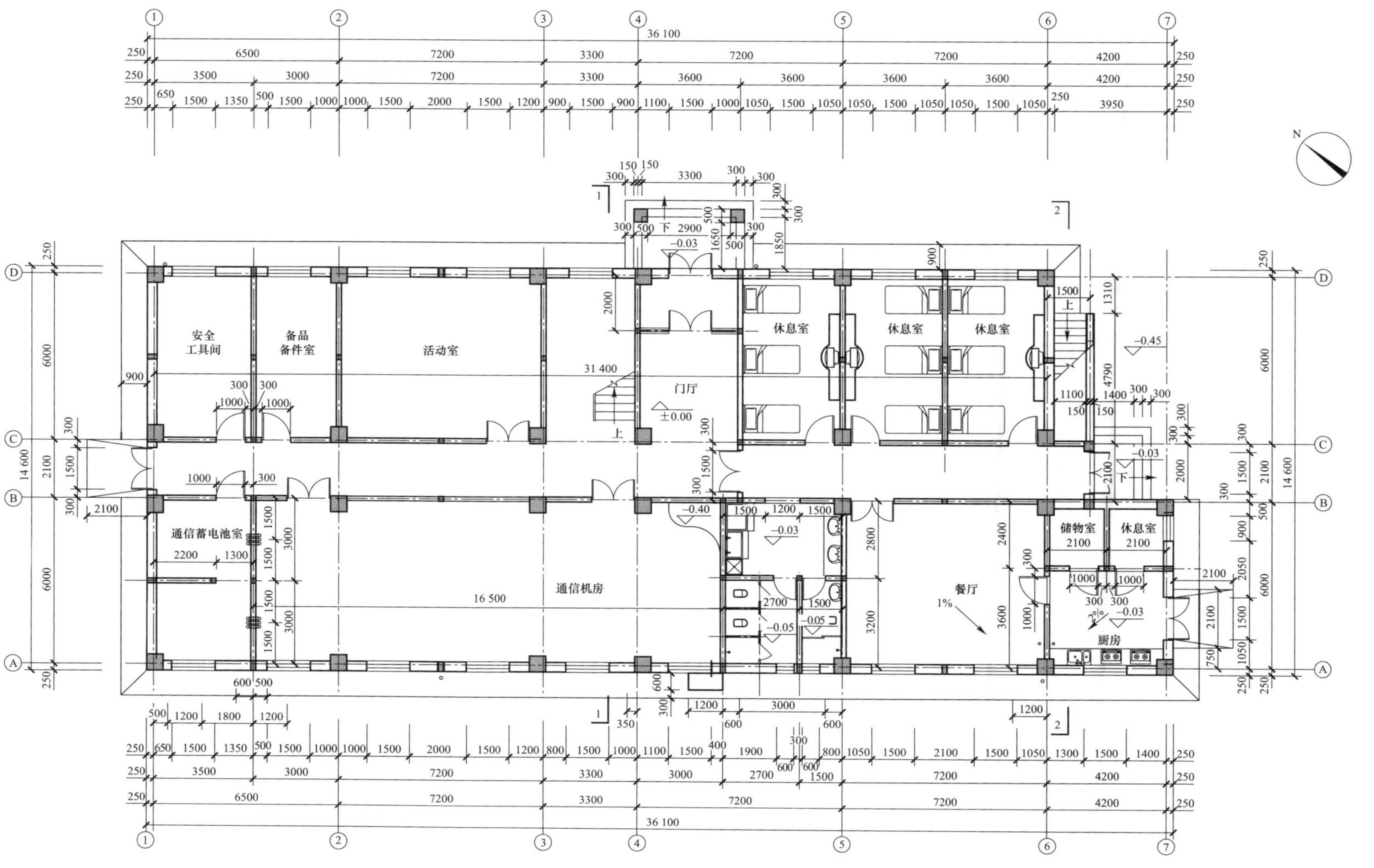

图 4.2-48 沃卡 500kV 变电站主控通信楼建筑一层平面图

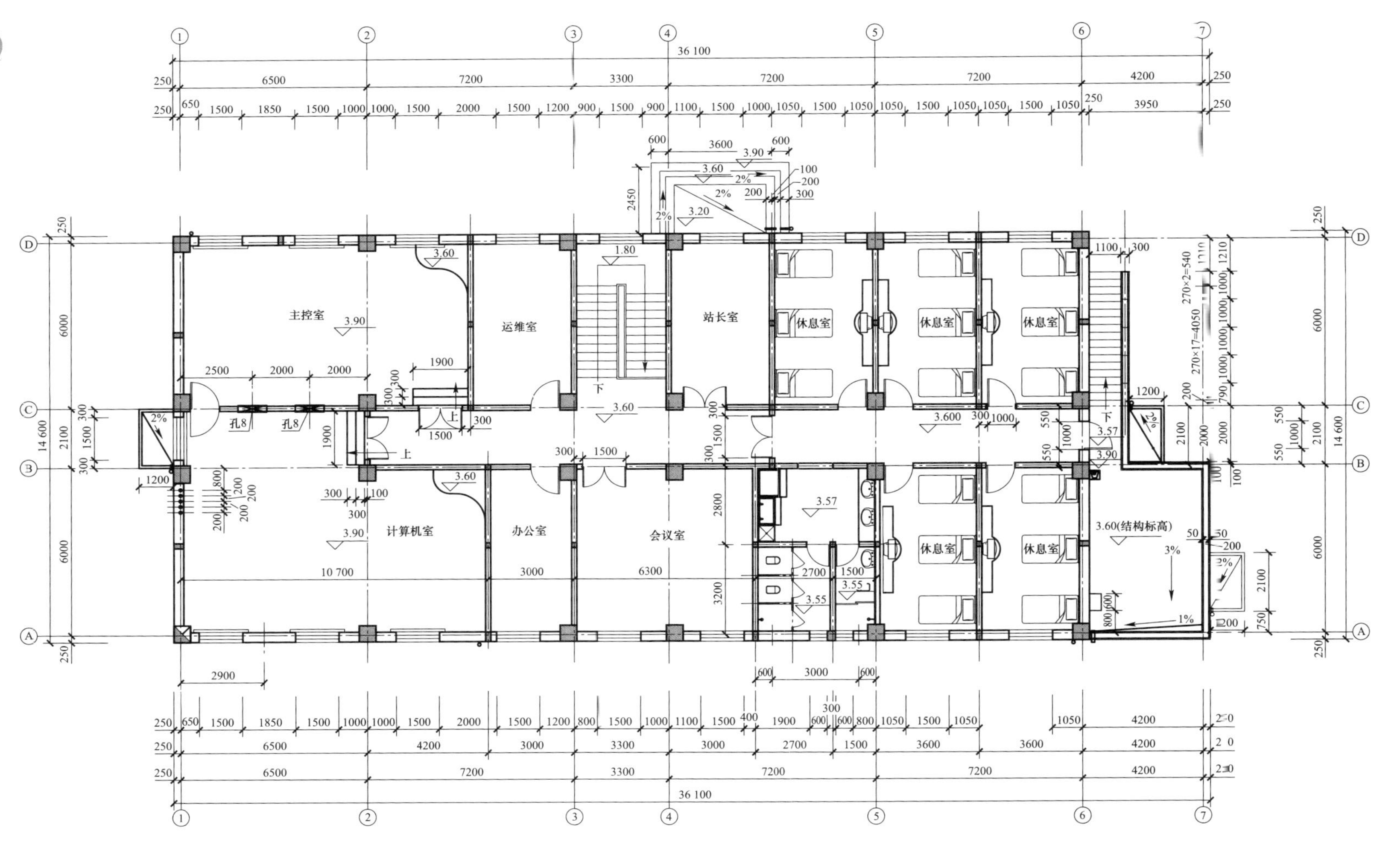

图 4.2-49　沃卡 500kV 变电站主控通信楼建筑二层平面图

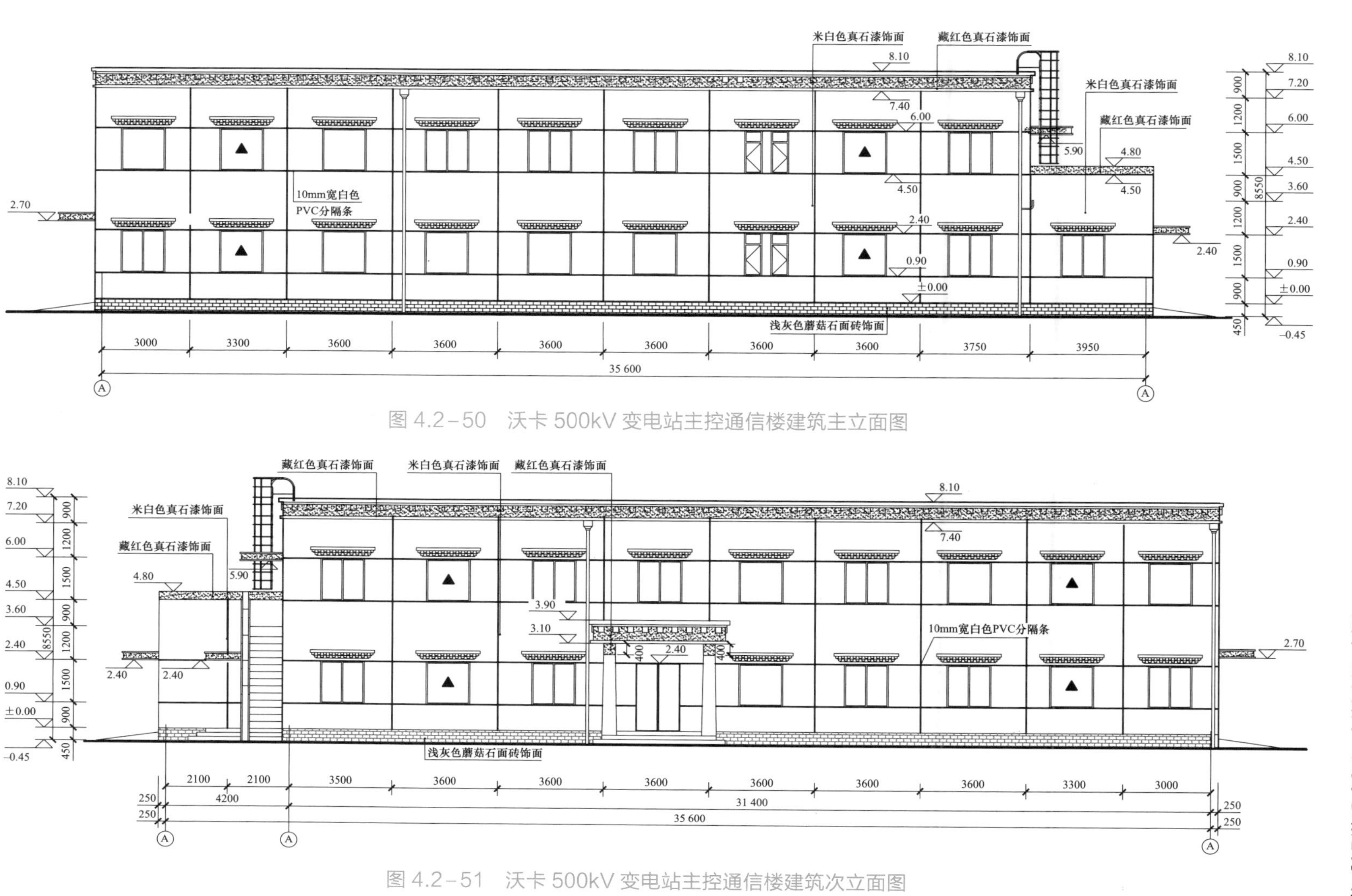

图 4.2-50　沃卡 500kV 变电站主控通信楼建筑主立面图

图 4.2-51　沃卡 500kV 变电站主控通信楼建筑次立面图

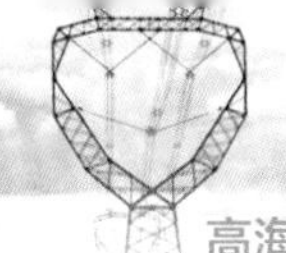

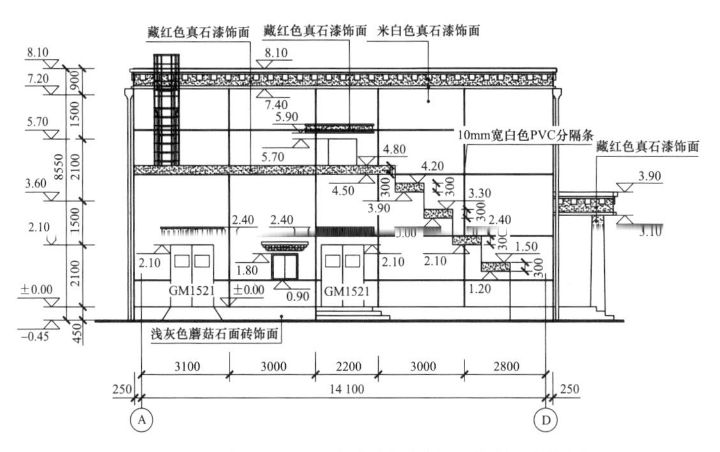

图 4.2－52　沃卡 500kV 变电站主控通信楼建筑侧面图 1

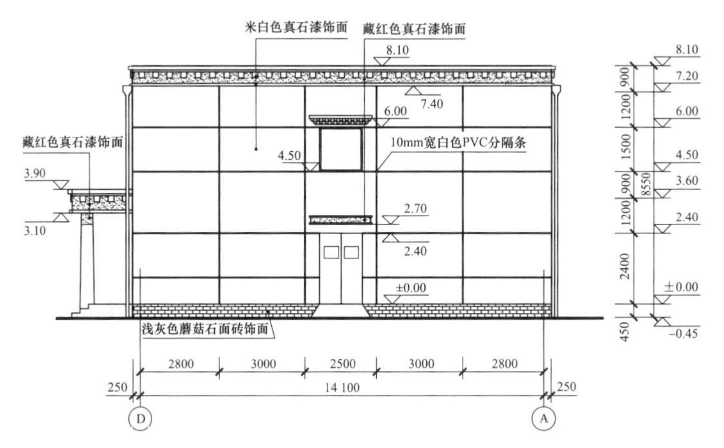

图 4.2－53　沃卡 500kV 变电站主控通信楼建筑侧面图 2

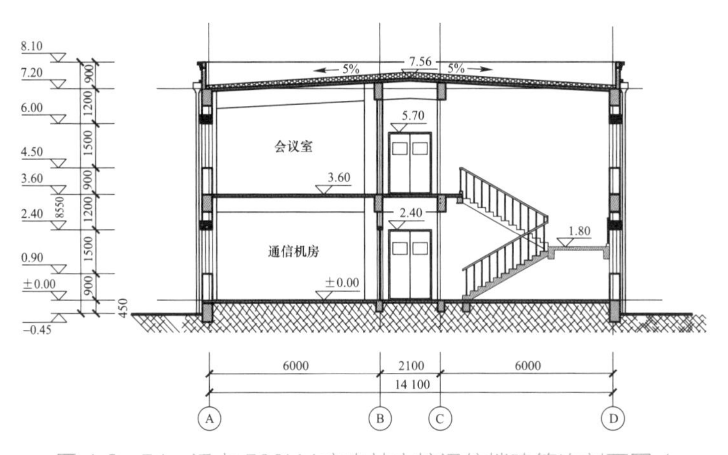

图 4.2－54　沃卡 500kV 变电站主控通信楼建筑次剖面图 1

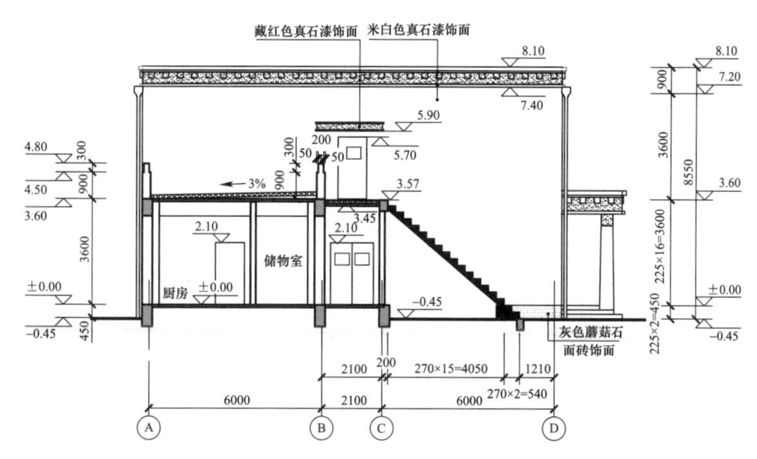

图 4.2-55　沃卡 500kV 变电站主控通信楼建筑次剖面图 2

（三）站内其他建筑设计

沃卡 500kV 变电站内建筑除主控通信楼外还有大门、GIS 室等建筑物（见图 4.2-56～图 4.2-58），设计风格均与主控通信楼协调一致。

（1）颜色均以白色为主，藏红色为辅。围墙柱头及上围线条点缀红色，墙身以白色真石漆涂料饰面。

（2）采用精炼的藏式元素进行装饰。建筑的边玛墙及巴苏采用白色 GRC 方块构件以藏红色衬底，或与围墙的上围做法一致，简单地采用藏红色真石漆涂料饰面。

（3）运用当地的原材料进行建筑装饰。建筑的勒脚均以浅灰色蘑菇石面砖饰面保护。

图 4.2-56　沃卡 500kV 变电站大门效果图

图 4.2－57　沃卡 500kV 变电站传达室效果图

图 4.2－58　沃卡 500kV 变电站 GIS 室效果图

站内形成了一个简洁、美观的建筑群，旨在用简约的藏式构造及现代建筑设计手法，打造西藏独特的现代变电站建筑风格。

四、雅中 500kV 变电站

雅中 500kV 变电站鸟瞰效果图和实景图分别见图 4.2－59、图 4.2－60。

图 4.2-59　雅中 500kV 变电站鸟瞰效果图

图 4.2-60　雅中 500kV 变电站鸟瞰实景图

（一）站址地域建筑特点

1. 场地概述

雅中 500kV 变电站位于朗县，隶属西藏自治区林芝市，位于林芝市西南部，县城与拉萨相隔 420km。

2. 建筑形态

朗县传统的民居建筑多为碉房，一般呈长方形，外形端庄稳固，受气候降雨的影响有些使用坡屋顶。建筑形体较规整，使用率高。朗县传统民居建筑主要以夯土建筑及石砌建筑为主，造型相较于其他地区的藏式建筑，装饰部分简单了许多。其主要在颜色、材质、窗框及边玛墙部分体现藏区元素。

3. 建筑颜色

林芝地区民居装饰元素非常多样化，梁柱窗户多精雕细琢并涂以七彩颜料。外墙涂饰颜色以白色、藏红色和灰色为主。窗楣上的巴苏还是主要体现藏式元素的部分，边玛墙通过线条的分隔，显得更加立体富有层次与变化。

4. 装饰元素

在建筑的重要功能组成部件门窗上，有涂饰和挂饰两种装饰方式。涂饰的颜色以红、黑两色较常见，通常以黑色为主。朗县的窗饰相比其他地区的简单许多，没有复杂的窗雕和过于丰富的彩绘，主要以简单明了的涂饰为主。窗楣上多为木作的巴苏，以藏红色为主。建筑分为三段式，最底层为台基最短，中间段为白墙，比例最大，顶部为边玛墙，使建筑富有变化及立体感，三段式的建筑也显得比例十分协调。

（二）主控通信楼建筑设计

雅中 500kV 变电站建筑分类为工业建筑，主控通信楼建筑保证其功能性的前提下贴近藏式风格，使其与环境和谐共存，友好对话。雅中 500kV 变电站应对传统藏式建筑元素进行提取、简化形成意向，主要考虑整体站区现代简洁的工业建筑风格，在前篇已经有所论述。在保证其工业建筑风格的同时，方案在建筑色彩、建筑材质等方面将藏族元素融入建筑设计中。

1. 比选方案

雅中 500kV 变电站比选方案雅中主控通信楼建筑比选方案 1，在构图、色彩、元素运用、材料等方面进行研究：

（1）立面构图手法上，通过整齐划一的窗户进行规律性的排列，从而形成具有连续性的韵律感。但入口大门和个别窗户的形式别样，打破重复性，使形式于稳定中求得变化。

（2）采用红、黑、白、黄等传统藏式颜色，以白色为主，红、黑、黄为辅，色彩主次分明，对比强烈。同时也能相互协调，形成和谐统一的整体。

（3）巴苏采用木质构件，巴卡以斜面形式和强烈的立体凹入，并结合藏式窗框收分的造型特点，以达到防寒保温和防风等效果。同时，屋顶上部采用藏红色的 GRC 装饰构件，体现藏式边玛墙的特色，与当地建筑文化相融合。

（4）材料方面主要采用砌块，表面喷涂真石漆，以仿照木材、石材等当地传统建筑材料，体现浓厚的地域特色。雅中 500kV 变电站比选方案 1（见图 4.2－61、图 4.2－62），藏式风格浓郁、细部丰富，但是施工麻烦，不能体现工业建筑简洁大气的特点。

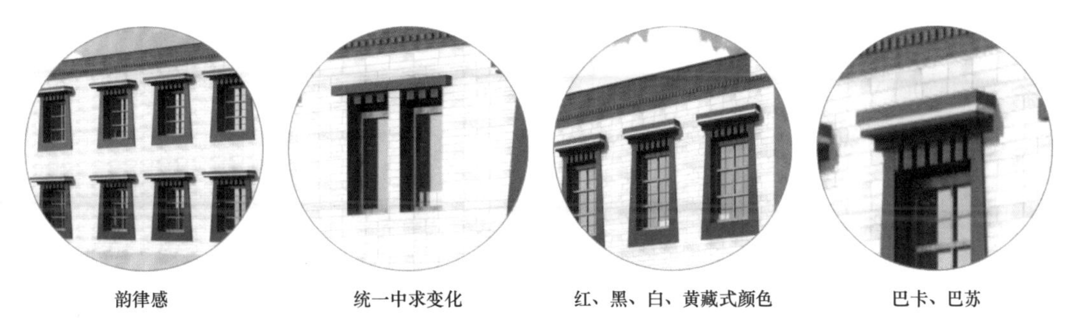

图 4.2－61　雅中 500kV 变电站主控通信楼建筑细部图（比选方案 1）

图 4.2－62　雅中 500kV 变电站主控通信楼建筑效果图（比选方案 1）

雅中 500kV 变电站比选方案雅中主控通信楼建筑比选方案 2，在构图、色彩、比例、元素运用、材料等方面进行研究：

（1）立面通过大量横向窗户，达到整齐统一的效果，形成韵律感。而局部采用竖向窗户，横竖方向对比鲜明，同时都使用统一色彩的木质构件做装饰，形成丰富多彩又变化统一的整体。

（2）建筑使用白、黑、红、黄等几种藏式颜色，墙体以白色为主色，局部的窗框和女儿墙均用红色强调，增强建筑的活泼性和地域识别性。同时窗户挑檐和边玛墙用黑色做点缀，既对比明显，又协调统一。

（3）主次出入口的大门周边均用统一色彩和形式的巴卡，简洁规整。既起到视觉夸张的作用，又使门窗和整体建筑的比例协调。

（4）材料方面主要采用白色面砖和真石漆，运用现代建筑的设计手法，既体现现代建筑的工业风，又融入当地藏式建筑的风格。

雅中 500kV 变电站比选方案 2（见图 4.2－63、图 4.2－64），立面简洁明快，有现代工业气息，但没有充分融入藏区文化特色。

图 4.2－63　雅中 500kV 变电站主控通信楼建筑细部图（比选方案 2）

图 4.2－64　雅中 500kV 变电站主控通信楼建筑效果图（比选方案 2）

2. 已建方案

雅中 500kV 变电站主控通信楼建筑已建方案，从构图、色彩、元素运用、材料、遮阳等方面进行了研究：

（1）立面通过窗户、边玛墙构件规律性的排列，使建筑具有序列感与变化性。

（2）建筑选用白色、藏红色、灰色这三种经典色彩，边玛墙和入口大厅的雨篷均使用藏红色做衬底，一白色方块的 GRC 构件做点缀，增加建筑的活泼性和地域识别性，且不失庄重感。

（3）巴苏采用统一色彩与形式的装饰构件，力求达到遮阳防晒效果。

（4）表皮使用真石漆，仿照石材这类坚固的原生态传统材料，并用文化砖作为勒脚，保护建筑外立面，同时又运用了现代建筑外墙涂料，进行主要的外立面装饰，简化施工并节约造价。

（5）主入口门厅采用凹入式，可防强风、御严寒，也可遮阳。不仅虚实对比明显，光影丰富，同时富有层次感。

雅中 500kV 变电站主控通信楼已建方案（见图 4.2－65～图 4.2－74），主要有立面简洁、朴素，贴近当地村落民居风格，构造简单、施工简便三大特点。

图 4.2－65　雅中 500kV 变电站主控通信楼建筑细部图（已建方案）

图 4.2－66　雅中 500kV 变电站主控通信楼建筑效果图（已建方案）

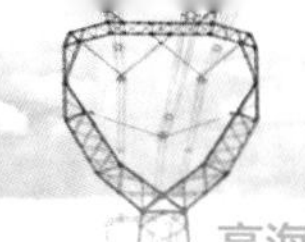

图 4.2－67　雅中 500kV 变电站主控通信楼建筑实景图（已建方案）

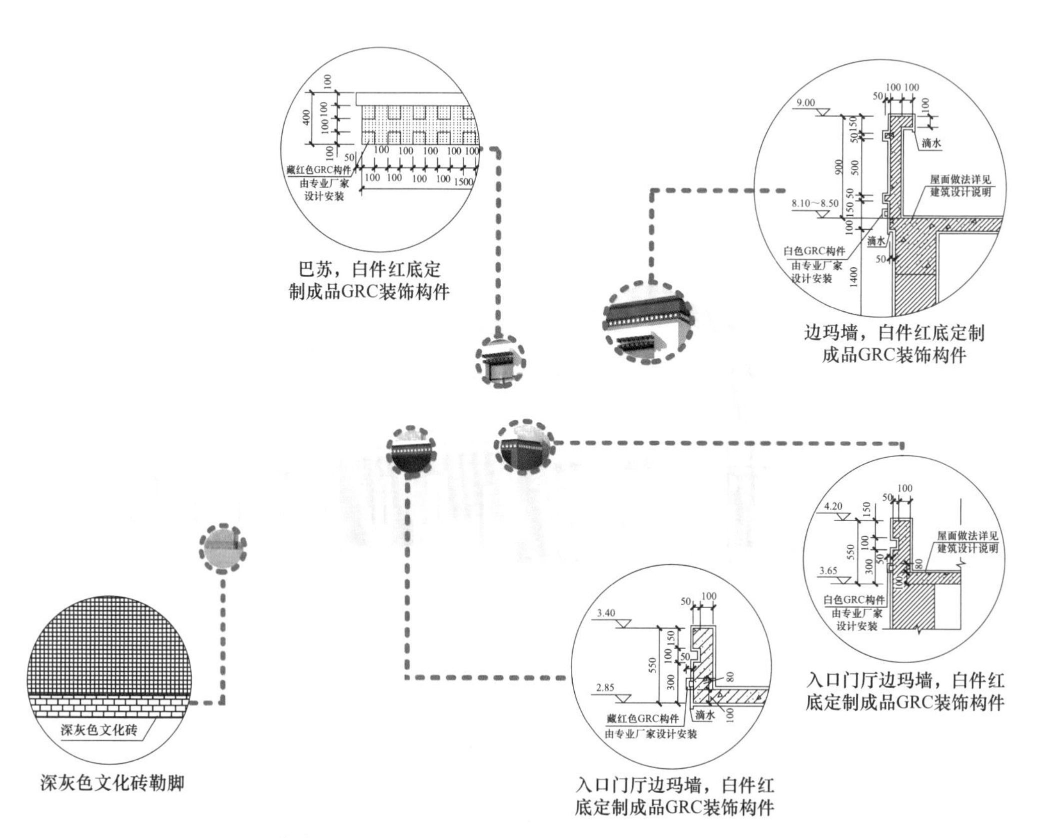

图 4.2－68　雅中 500kV 变电站主控通信楼建筑细部实施图（已建方案）

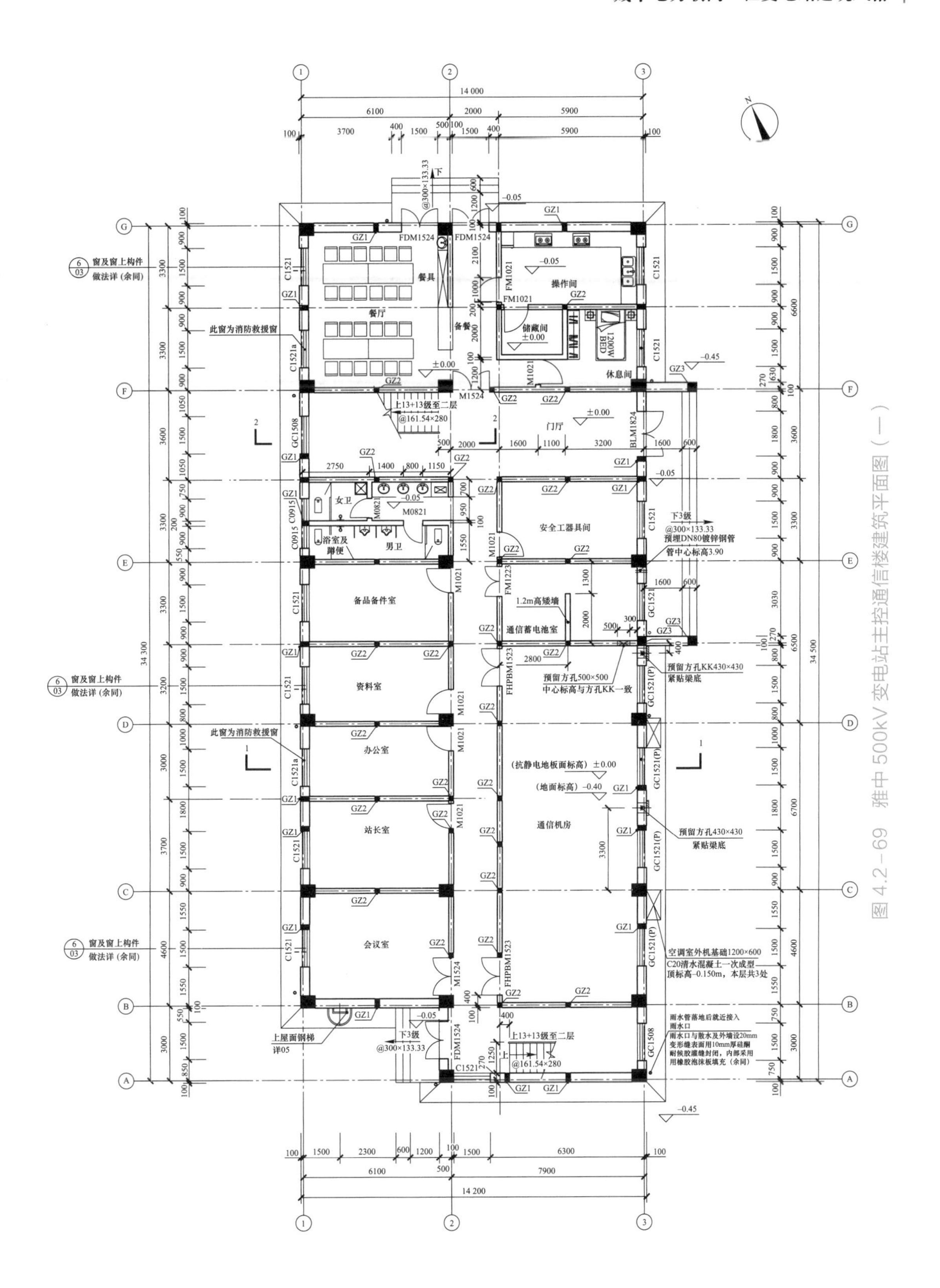

图 4.2-69　雅中 500kV 变电站主控通信楼建筑平面图（一）

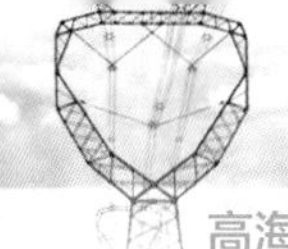

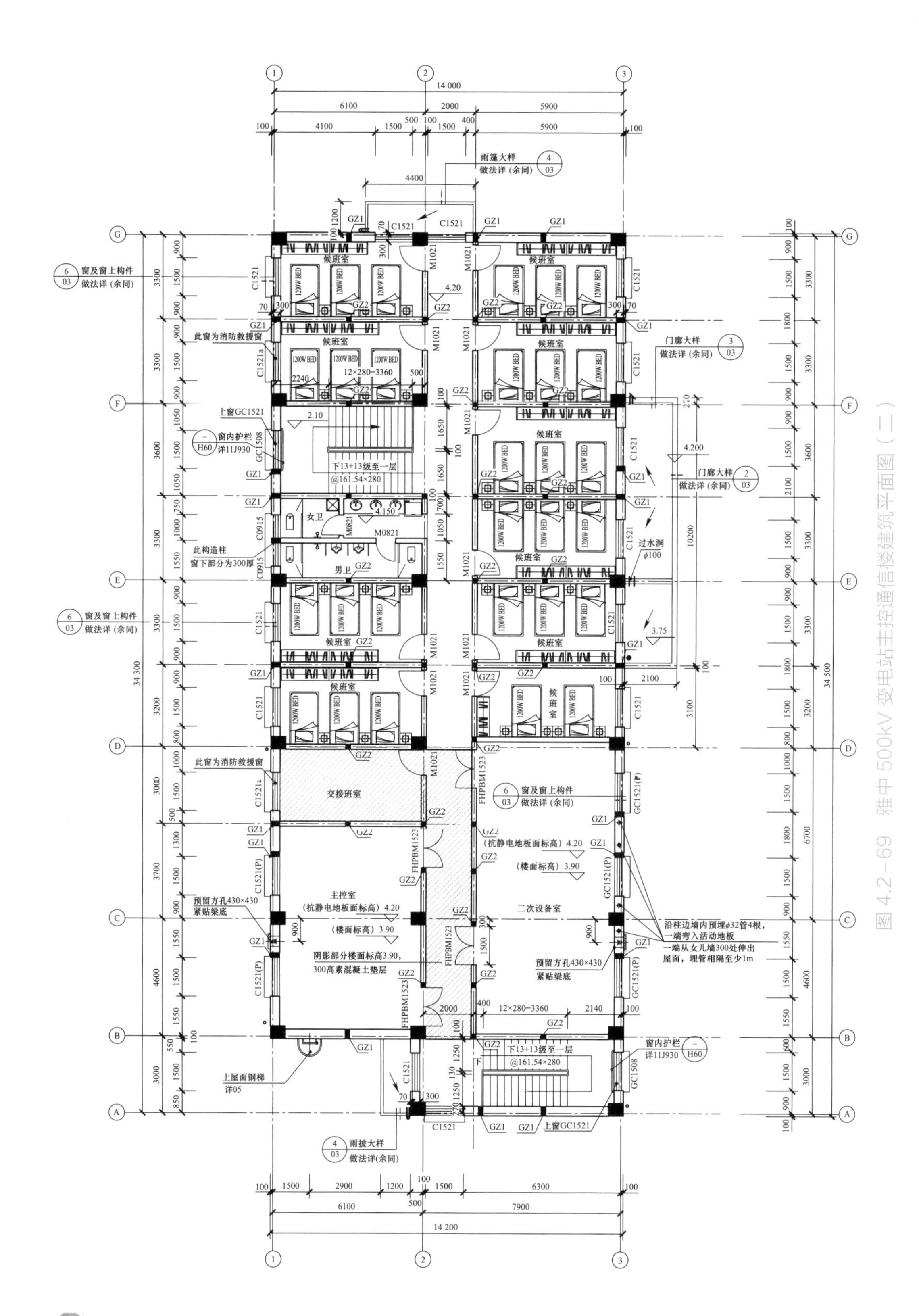

图 4.2-69　雅中 500kV 变电站主控通信楼建筑平面图（二）

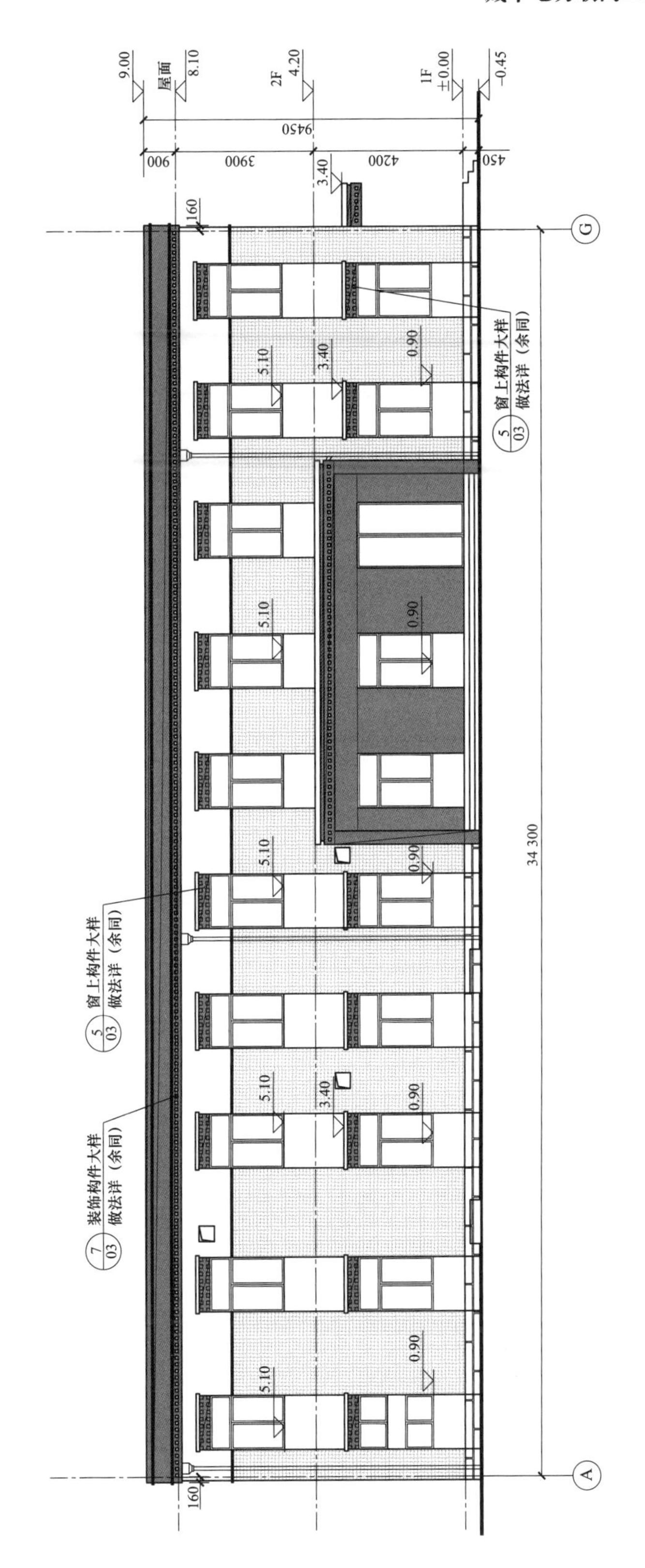

图 4.2-70 雅中 500kV 变电站主控通信楼建筑主立面图

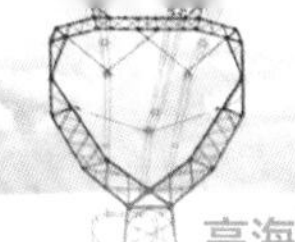

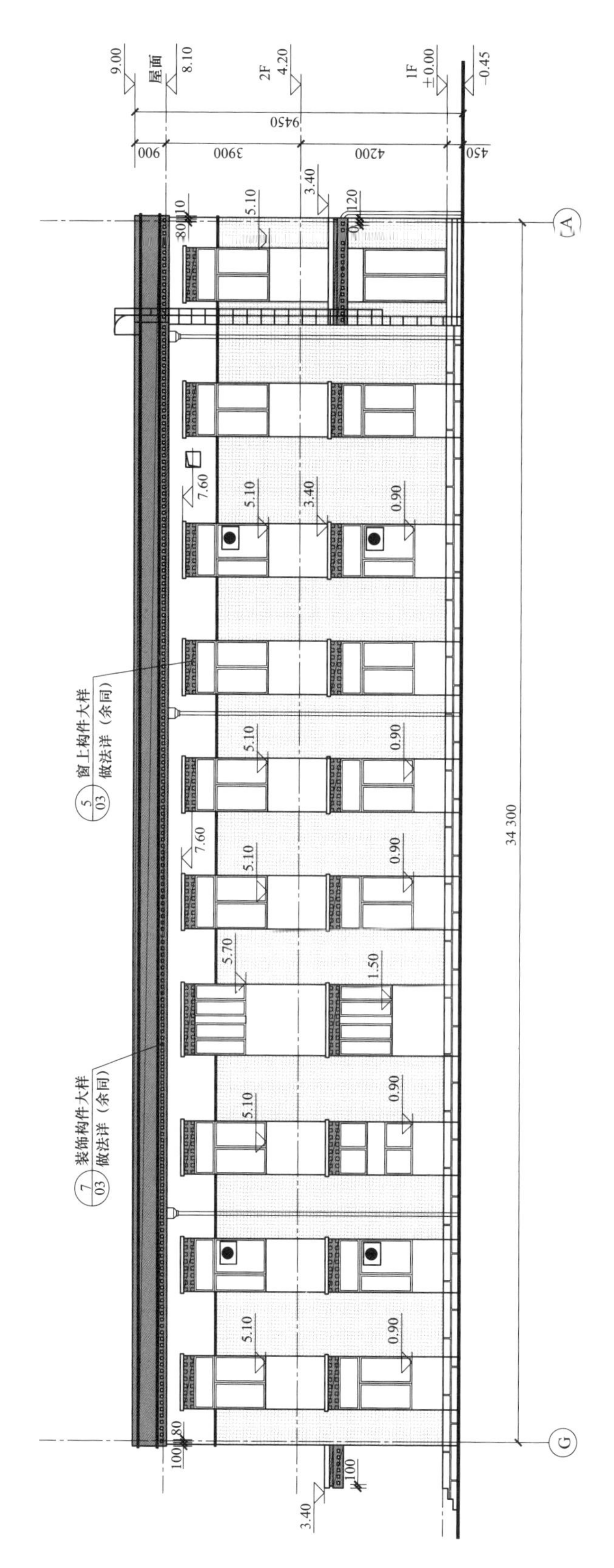

图 4.2-71　雅中 500kV 变电站主控通信楼建筑次立面图

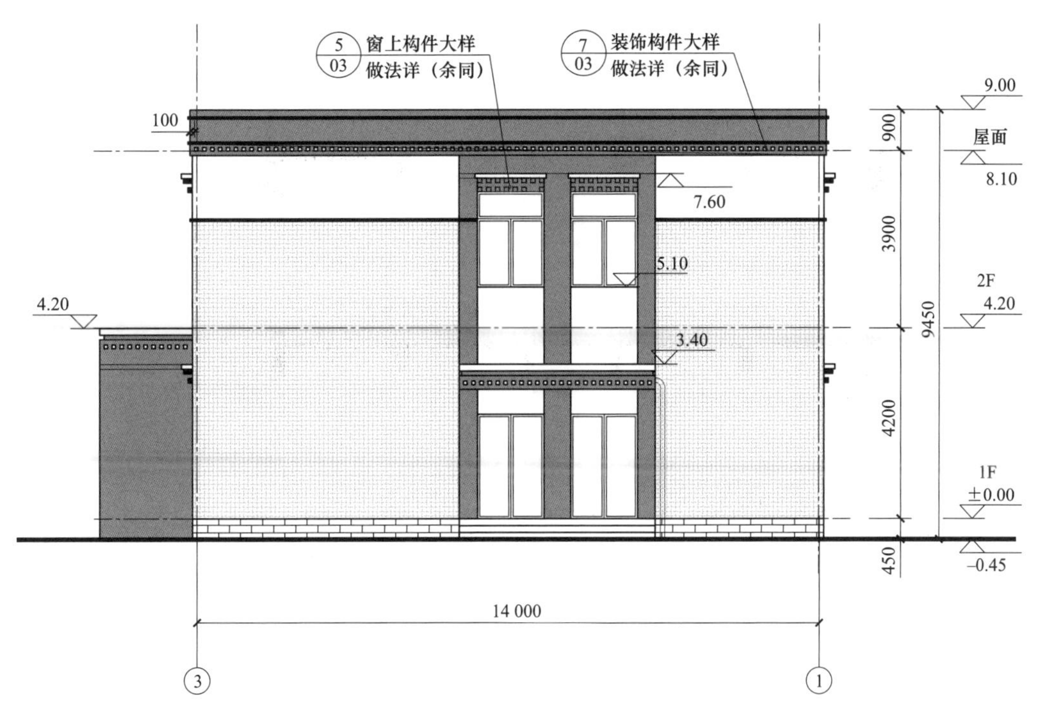

图 4.2-72　雅中 500kV 变电站主控通信楼建筑侧面图 1

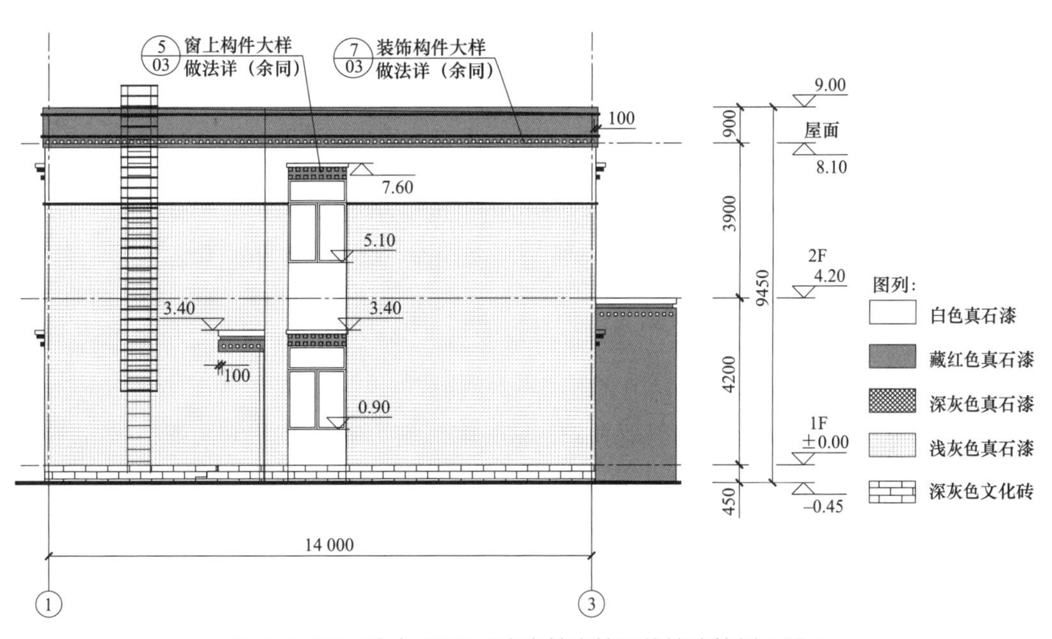

图 4.2-73　雅中 500kV 变电站主控通信楼建筑侧面图 2

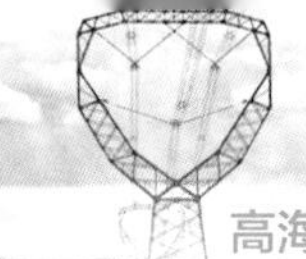

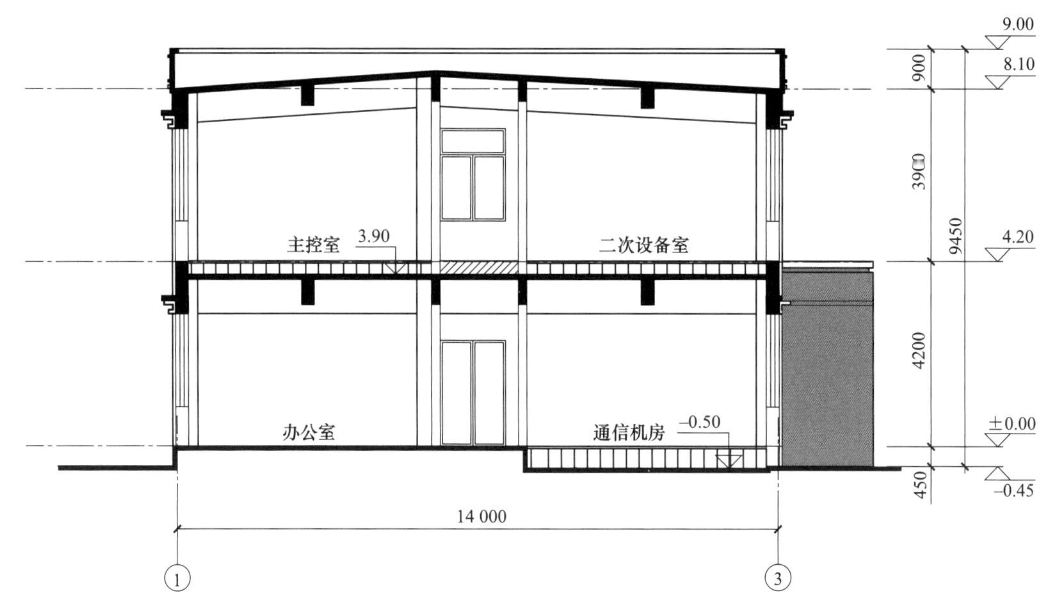

图 4.2－74　雅中 500kV 变电站主控通信楼建筑 1－1 剖面图（1:100）

（三）站内其他建筑设计

雅中 500kV 变电站内其他建筑除主控通信楼外还有大门、GIS 室（见图 4.2－75、图 4.2－76）等，其建筑外立面与主控通信楼建筑外立面协调统一。

（1）颜色均以白色为主，藏红色为辅。墙身以白色真石漆涂料饰面，简化处理。围墙柱头点缀红色，简洁大方，与藏式风格相适应的同时，减少工序，可实施性强。

（2）表皮使用真石漆，仿照石材这类坚固的原生态传统材料，并用文化砖作为勒脚，保护建筑外立面，同时又运用了现代建筑外墙涂料，进行主要的外立面装饰，简化施工并节约造价。

站内形成了一个简洁、美观的建筑群，旨在用简约的藏式构造以及现代建筑设计手法，打造西藏独特的现代变电站建筑风格。

图 4.2－75　雅中 500kV 变电站大门与警卫室效果图

图 4.2－76　雅中 500kV 变电站 GIS 效果图

五、林芝 500kV 变电站

林芝 500kV 变电站鸟瞰效果图及实景图见图 4.2－77 和图 4.2－78。

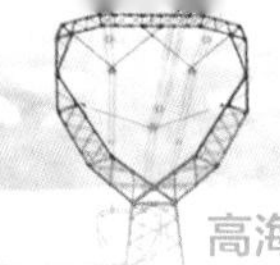

图 4.2-77　林芝 500kV 变电站鸟瞰效果图

图 4.2-78　林芝 500kV 变电站鸟瞰实景图

（一）站址地域建筑特点

1. 场地概述

林芝 500kV 变电站站址坐落于林芝市布久乡甲日卡村，与林芝市区的直线距离 28km 左右。S306 省道是主要交通道路，站址海拔 3057.15m。

2. 建筑形态

站址附近村落建筑较为简陋，但传统西藏建筑元素如巴卡、巴苏、边玛墙等传统元素均被传承。

3. 建筑颜色

外墙多以白色、黄色、红色为主，红色则为所有建筑均带有的颜色，深灰色多用于窗套部位。

4. 装饰元素

建筑女儿墙（边玛墙）一般为棕红色色带，并以线脚和白色方块点缀，一般有窗套和窗饰。林芝地区和林芝市建筑外窗实景图见图 4.2－79、图 4.2－80。

图 4.2－79 林芝地区实景图

图 4.2－80 林芝市建筑外窗实景图

（二）主控通信楼建筑设计

林芝 500kV 变电站站址位置在确定之后，站内建筑造型颜色需与周边地貌相匹配。如草地、山地、荒原等通常奠定了变电站整体造色基调，雨水量大小会影响建筑屋面造型；极端温度也会决定墙体墙面的做法。本站建筑把传统藏式建筑等元素提炼出来，合理的运用到建筑中。经过我们进行多方案比选，选取了功能合理、经济可行的实施方案。

1. 比选方案

林芝 500kV 变电站主控通信楼建筑比选方案 1（见图 4.2－81 和图 4.2－82），在构图、色彩、元素运用、材料等方面进行了研究：

（1）立面构图规整，小型体块的凹凸去展现整个立面造型。

（2）建筑使用红、白、黄等传统藏式色彩，色彩变化富有规律性、规则感。

（3）巴苏巴卡采用成品 GRC 材料，力求达到防寒保温和防风等效果；采用钢结构雨篷，增强了现代感；增加藏式腰线，增强了艺术气息。

（4）结合林芝地区建筑取材特点，表皮采用真石漆，最大程度融入蓝天、白云、草木、山地等自然景观。

但总体来说本方案虽然在建筑风格上采用现代建筑简洁规整的手法，结合了藏式传统建筑的一些特点，但外立面材料的耐久性不强，并且藏式建筑风格不够突出。

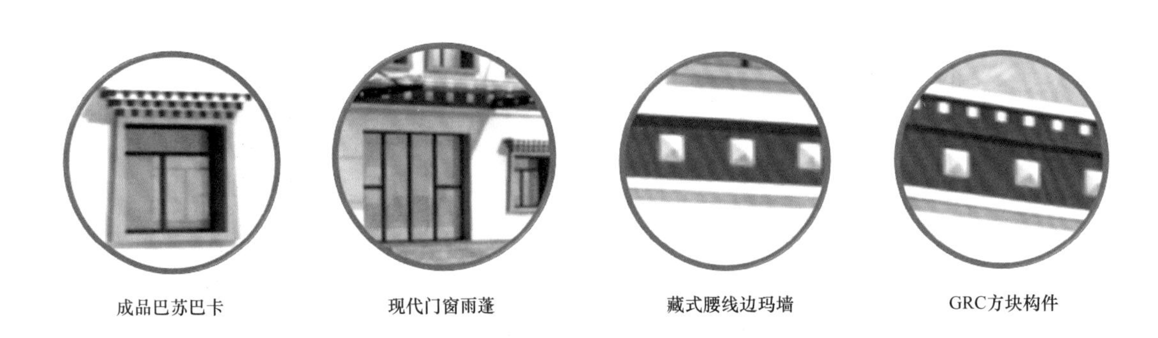

图 4.2－81　林芝 500kV 变电站主控通信楼建筑细部图（比选方案 1）

图 4.2-82　林芝 500kV 变电站主控通信楼建筑效果图（比选方案 1）

林芝 500kV 变电站主控通信楼建筑比选方案 2（见图 4.2-83 和图 4.2-84），在构图、色彩、元素运用、材料等方面进行了研究：

（1）立面构图丰富，体块穿插明显。

（2）建筑使用红、白、灰、木色等传统藏式色彩，色彩变化丰富。

（3）边玛墙巴苏巴卡采用成品木色 GRC 材料，力求达到防寒保温、防风防雨等效果。

（4）结合林芝地区建筑取材特点，表皮采用真石漆，勒脚采用面砖。

图 4.2-83　林芝 500kV 变电站主控通信楼建筑细部图（比选方案 2）

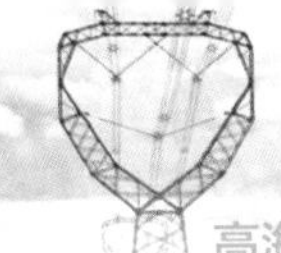

图 4.2－84　林芝 500kV 变电站主控通信楼建筑效果图（比选方案 2）

总体来说本方案虽然在建筑风格上采用现代建筑简洁规整的手法，结合了藏式传统建筑的特点，但造型复杂，施工周期和建材成本较大，没有充分融入藏区文化特色。

2. 已建方案

林芝 500kV 变电站主控通信楼建筑已建方案（见图 4.2－85～图 4.2－94），立面设计既简洁朴素又具有西藏建筑的特点，立面风格贴近当地村落民居，很好地与周边环境融合。

（1）立面构图规整，利用小型体块的凹凸去展现整个立面造型。

（2）建筑使用红、白、黄等传统藏式色彩，色彩变化富有规律性、规则感。

（3）窗顶设置双层的红白相间色巴苏，窗周围设置深灰色的巴卡，主入口雨篷柱采用收分柱体，既能突出藏族风格，又能起到点缀及丰富立面的作用。

（4）结合林芝地区建筑取材特点，表皮采用真石漆，最大程度融入蓝天、白云、草木、山地等自然景观。

林芝 500kV 变电站建筑已建方案不但具有藏式建筑的传统元素，而且简约大方，能很好地与周边环境融合。

巴苏巴卡GRC构件

立柱收分

边玛墙

图 4.2-85　林芝 500kV 变电站主控通信楼建筑细部图（已建方案）

图 4.2-86　林芝 500kV 变电站主控通信楼建筑效果图（已建方案）

图 4.2-87　林芝 500kV 变电站主控通信楼建筑实景图

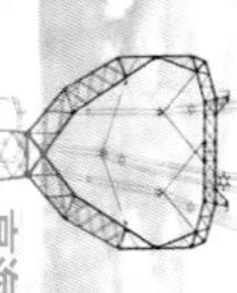

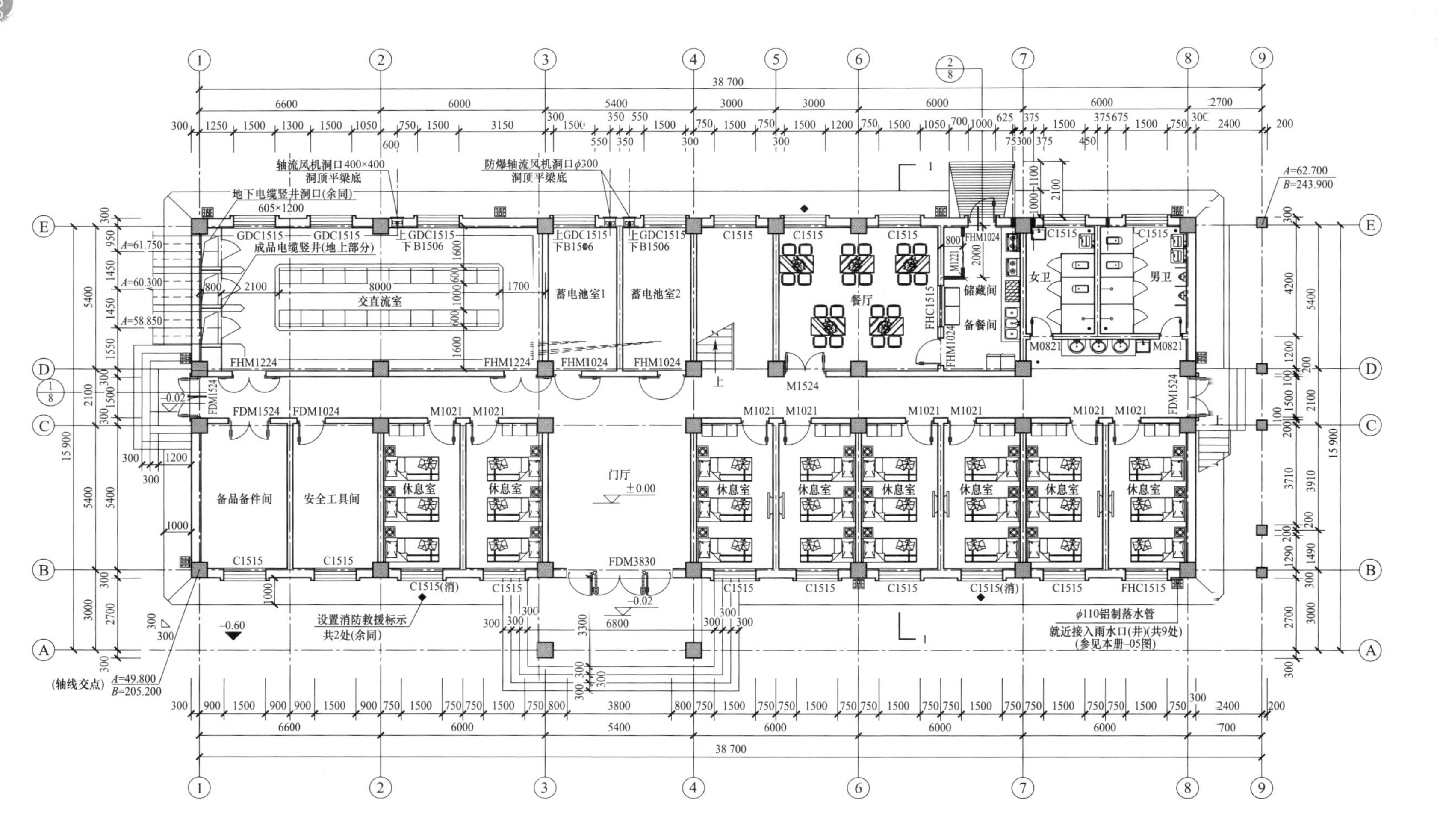

图 4.2-88　林芝 500kV 变电站主控通信楼建筑一层平面图

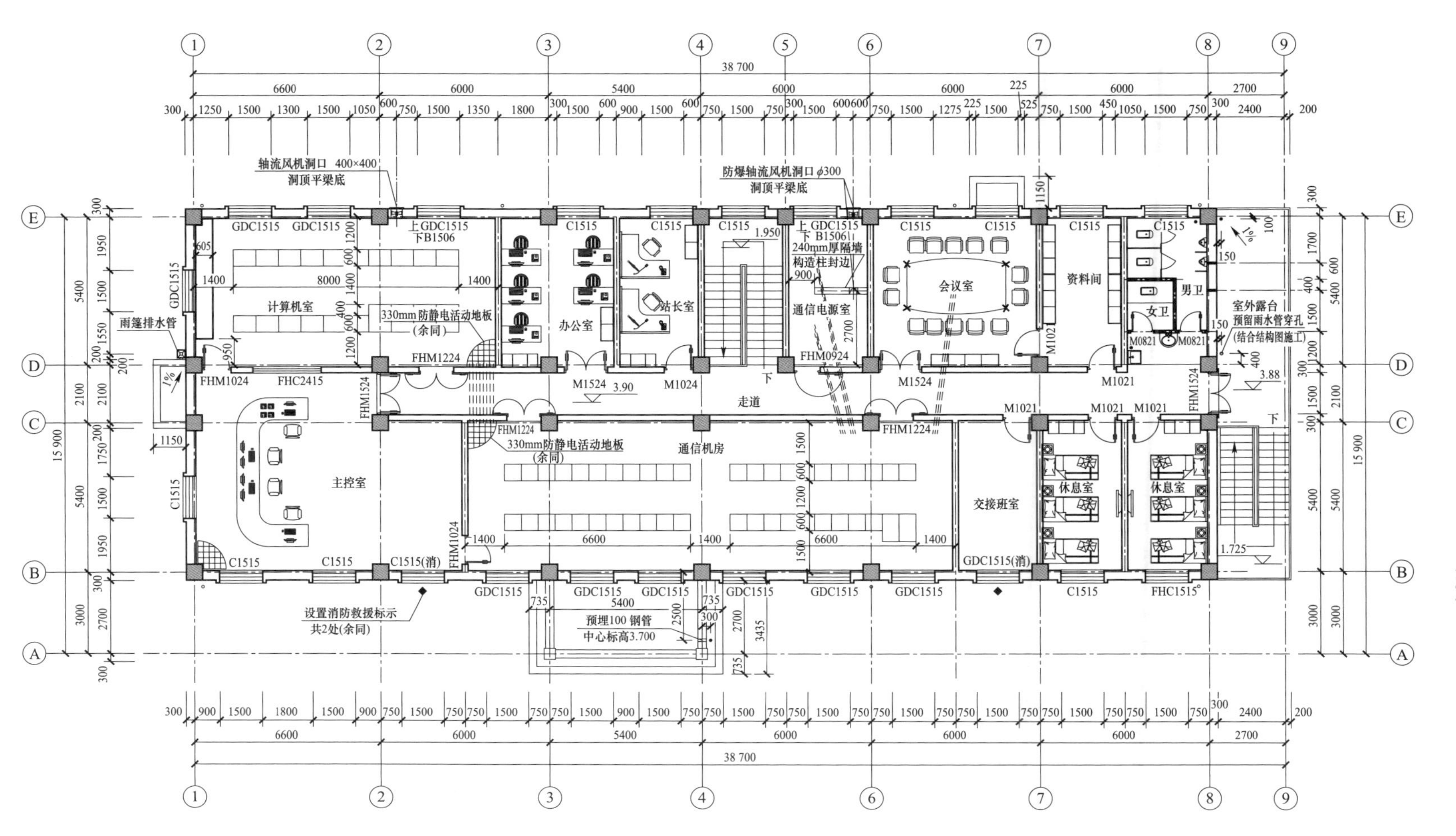

图 4.2-89　林芝 500kV 变电站主控通信楼建筑二层平面图

图 4.2-90　林芝 500kV 变电站主控通信楼建筑主立面图

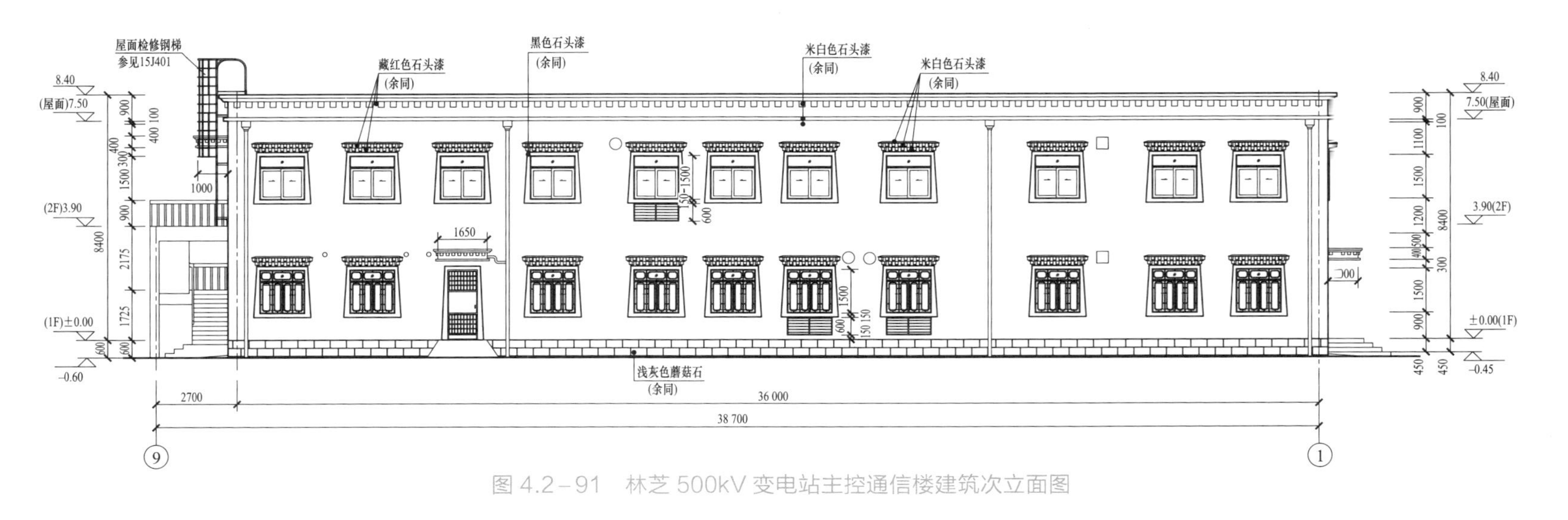

图 4.2-91　林芝 500kV 变电站主控通信楼建筑次立面图

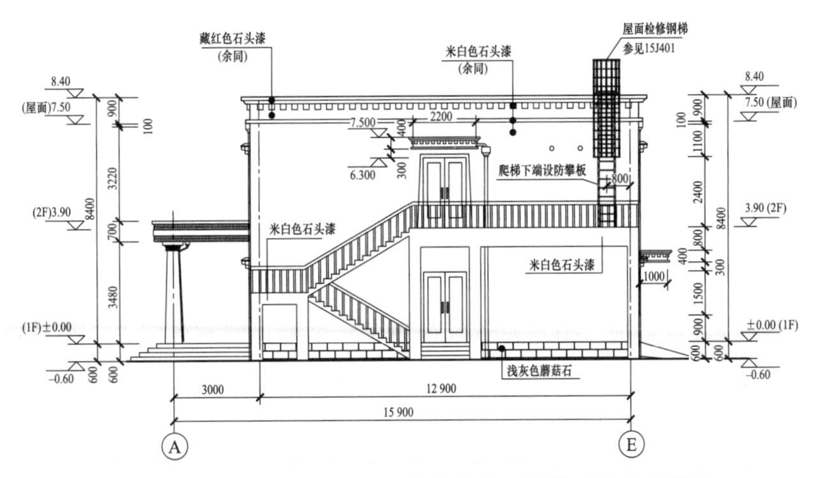

图 4.2-92　林芝 500kV 变电站主控通信楼建筑立面图 1

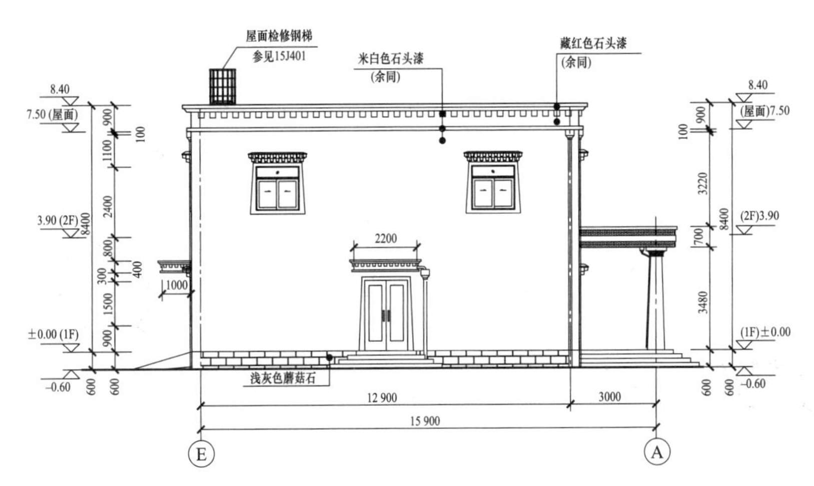

图 4.2-93　林芝 500kV 变电站主控通信楼建筑立面图 2

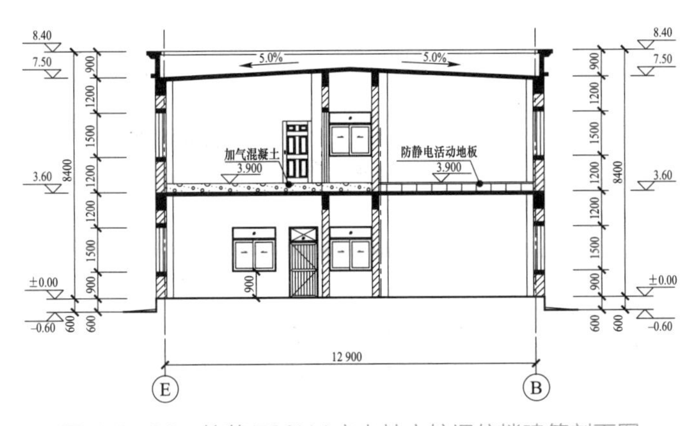

图 4.2-94　林芝 500kV 变电站主控通信楼建筑剖面图

（三）站内其他建筑设计

林芝 500kV 变电站内其他建筑除主控通信楼以外，还有警卫传达室、进站大门和 GIS 室（见图 4.2－95～图 4.2－100，其中图 4.2－97、图 4.2－98 见文后插页）等，设计风格均与主控通信楼协调一致，颜色均以白色为主，红色为辅，女儿墙设有红色色带，并增加白色 GRC 方块装饰，窗顶设置红色巴苏，窗框设置灰色巴卡。全站建构筑物协调统一，以简约的构造及颜色搭配彰显出西藏传统建筑的精髓。

图 4.2－95　林芝 500kV 变电站大门效果图

图 4.2－96　林芝 500kV 变电站 GIS 室图

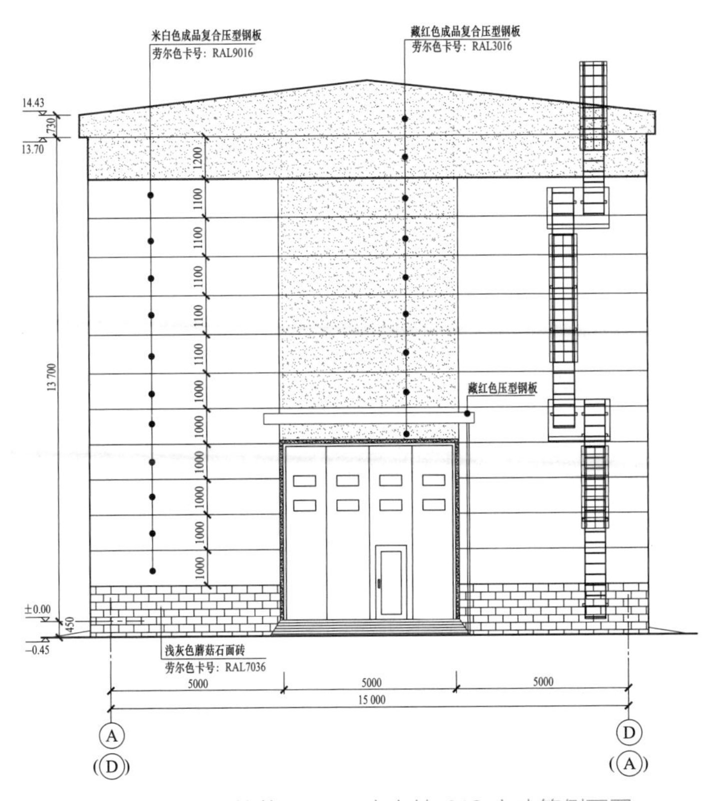

图 4.2－99　林芝 500kV 变电站 GIS 室建筑侧面图

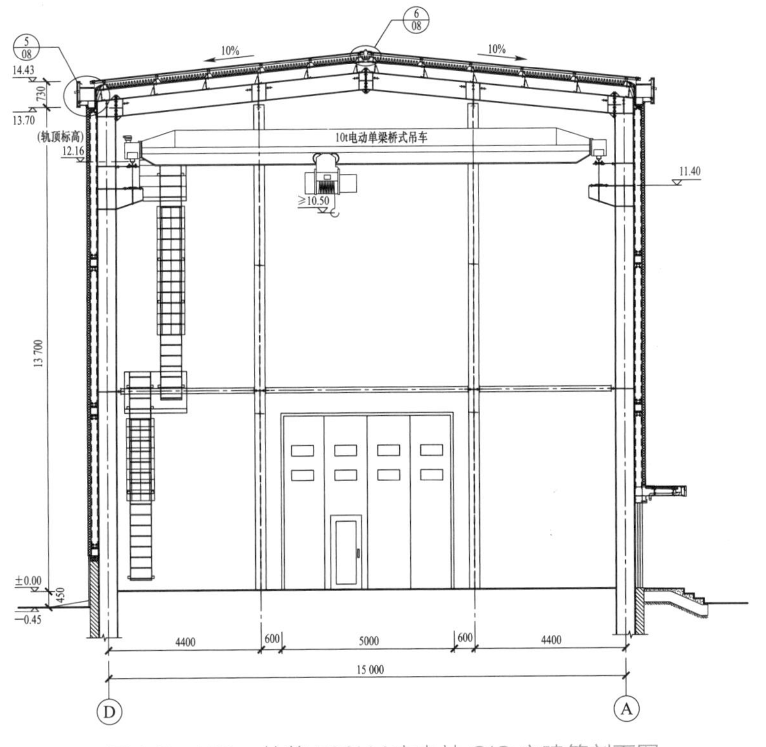

图 4.2－100　林芝 500kV 变电站 GIS 室建筑剖面图

六、左贡 500kV 开关站

左贡 500kV 开关站鸟瞰效果图及实景图见图 4.2－101 和图 4.2－102。

图 4.2－101　左贡 500kV 开关站鸟瞰效果图

图 4.2－102　左贡 500kV 开关站鸟瞰实景图

（一）站址地域建筑特点

1. 场地概述

站址位于左贡县美玉乡日雪行政村，距离左贡县约 72.3km。站址地形平坦、开阔，坡度小于 2.0%，海拔 4127～4129m。

2. 建筑形态

站址附件村落建筑较为简陋，但传统西藏建筑元素如巴卡、巴苏、边玛墙等传统元素均被传承。

3. 建筑颜色

外墙多以白色、黄色、红色为主，红色则为所有建筑均带有的颜色，深灰色多用于窗套部位。

4. 装饰元素

建筑女儿墙（边玛墙）一般为棕红色色带，并以线脚和白色方块点缀，一般有窗套和窗饰。

（二）主控通信楼建筑设计

由于站址位于当地村里的牧场，地理位置较为偏僻，而且环境开阔，因此，主控通信楼设计力求尽量简约朴实，以与站址环境协调。主控通信楼建筑立面赋予传统藏式建筑边玛墙、巴苏、巴卡这些传统西藏建筑元素，装饰材料采用真石漆，颜色采用白色与红色，以更好地体现传统西藏建筑的特点。

1. 比选方案

左贡 500kV 开关站主控通信楼比选方案 1（见图 4.2－103、图 4.2－104）的设计思路是体现出浓厚的藏族风格，使变电站与周边地区形成明显的反差，使变电站形成一个“小地标”。因此，本案在构图、色彩及构件元素等方面进行研究：

（1）立面构图上着重采用收分斜墙，形成上小下大的稳定结构，营造出一种藏族建筑特有的形体。

（2）建筑颜色以红色为主，白色为辅，使立面色彩整体更鲜艳，使建筑在周边环境中更显眼突出。

（3）考虑尽量多地设置 GRC 构件，使立面丰富饱满，丰富的细节能让建筑主导整个变电站，甚至整个站址片区的建筑形象。

虽然方案 1 方案立面立面构造、构件丰富，视觉冲击力强，但考虑变电站毕竟属于工业建筑，本立面方案与建筑功能及属件确有不符，不能体现工业建筑形式服从功能的宗旨。

图 4.2－103　左贡 500kV 开关站主控通信楼建筑细部图（比选方案 1）

图 4.2－104　左贡 500kV 开关站主控通信楼建筑效果图（比选方案 1）

左贡 500kV 开关站主控通信楼建筑比选方案 2（见图 4.2－105 和图 4.2－106）在方案 1 基础上作了较大调整，总体思路为简化立面构造，并在造型、色彩配置及构造元素中进行深入研究：

（1）女儿墙采用高低错落的形式，结合墙体局部的收分斜墙，使建筑立面分成对称的三段。

（2）主入口的雨篷增加了宽度，形成局部通廊的形式，以使三段立面联系起来，通过这长条形的雨篷让立面形成一个整体。

（3）巴苏及巴卡采用深灰色，使的建筑颜色更内敛。

主控通信楼方案 2 在立面构图及颜色上既有区别又有联系，都是典型藏式风格，有明显藏区建筑特色，但整体感观还是比较浓重，与站址周边高山草地，蓝天白雪的自然景观和简朴的民居建筑相比还是略显突兀。

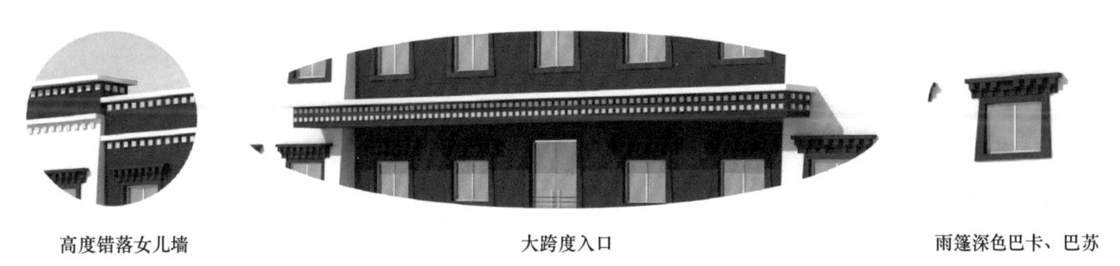

图 4.2－105　左贡 500kV 开关站主控通信楼建筑细部图（比选方案 2）

图 4.2－106　左贡 500kV 开关站主控通信楼建筑效果图（比选方案 2）

2. 已建方案

左贡 500kV 开关站主控通信楼建筑已建方案（见图 4.2－107～图 4.2－116）立面设计原则是简洁朴素又具有西藏建筑特点的现代工业建筑，能更好地与周边环境融合。经研究后主要的设计要点为：

（1）放弃收分斜墙元素，以使立面不至于过度厚重，并采用较低矮的蘑菇石勒脚，减轻建筑的感官“重量”。

（2）立面大面积采用白色，女儿墙及入口雨篷采用象征边玛墙的红色，并配以 GRC 方块，从构造及颜色上更具藏族风格。

（3）窗顶设置双层的红色巴苏，窗周围设置深灰色的巴卡，主入口雨篷柱采用收分柱体，既能突出藏族风格，又能起到点缀及丰富立面的作用。

左贡 500kV 开关站建筑已建方案不但具有藏式建筑的传统元素，而且简约大方，能很好地与周边环境融合。

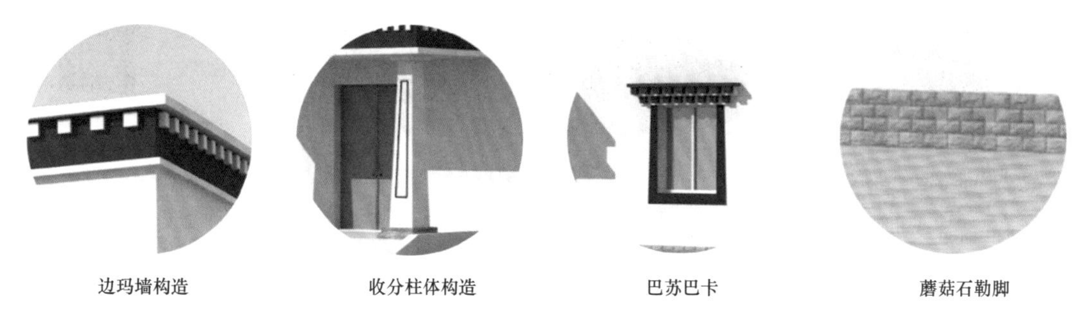

图 4.2-107　左贡 500kV 开关站主控通信楼建筑细部图（已建方案）

图 4.2-108　左贡 500kV 开关站主控通信楼建筑效果图（已建方案）

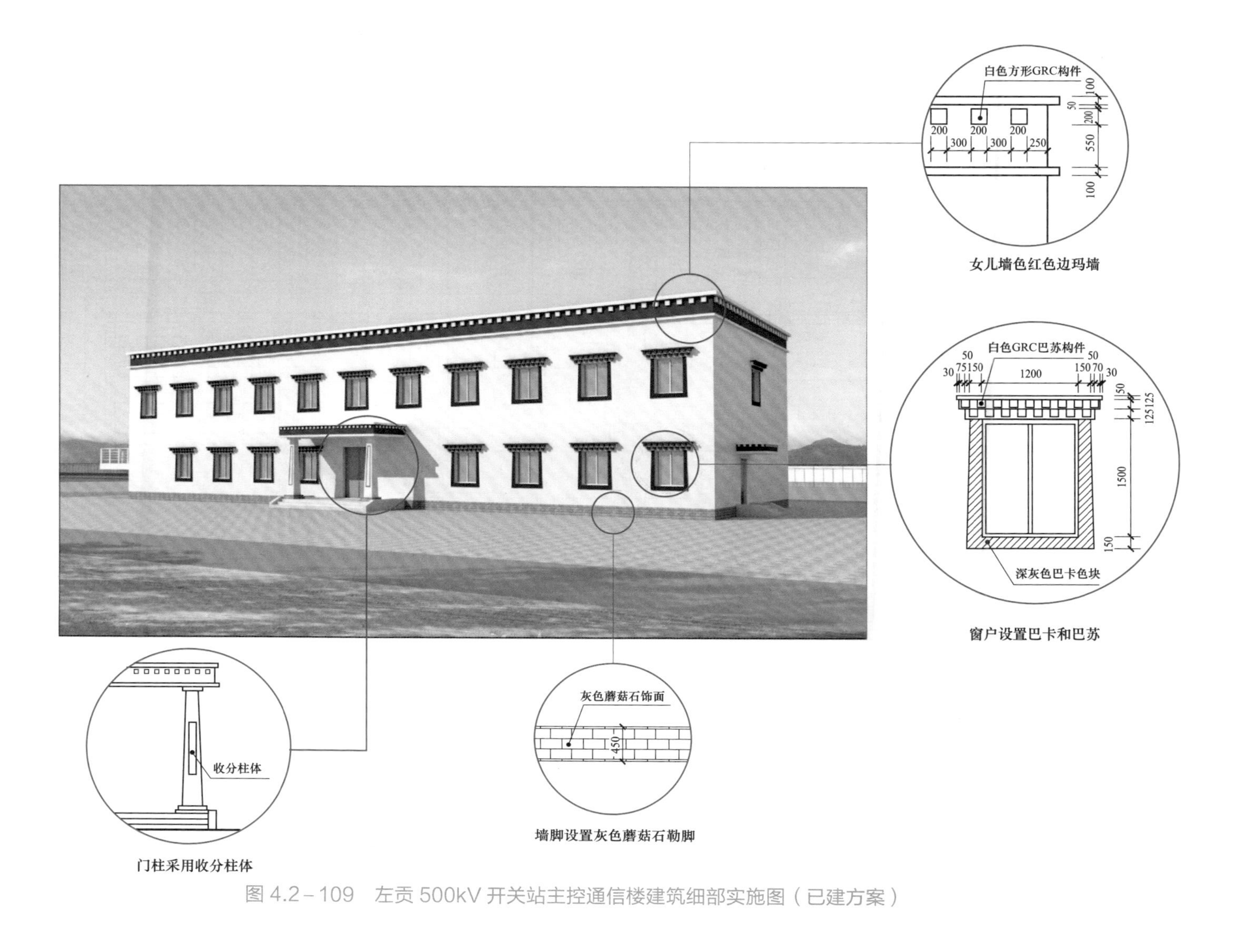

图 4.2-109 左贡 500kV 开关站主控通信楼建筑细部实施图（已建方案）

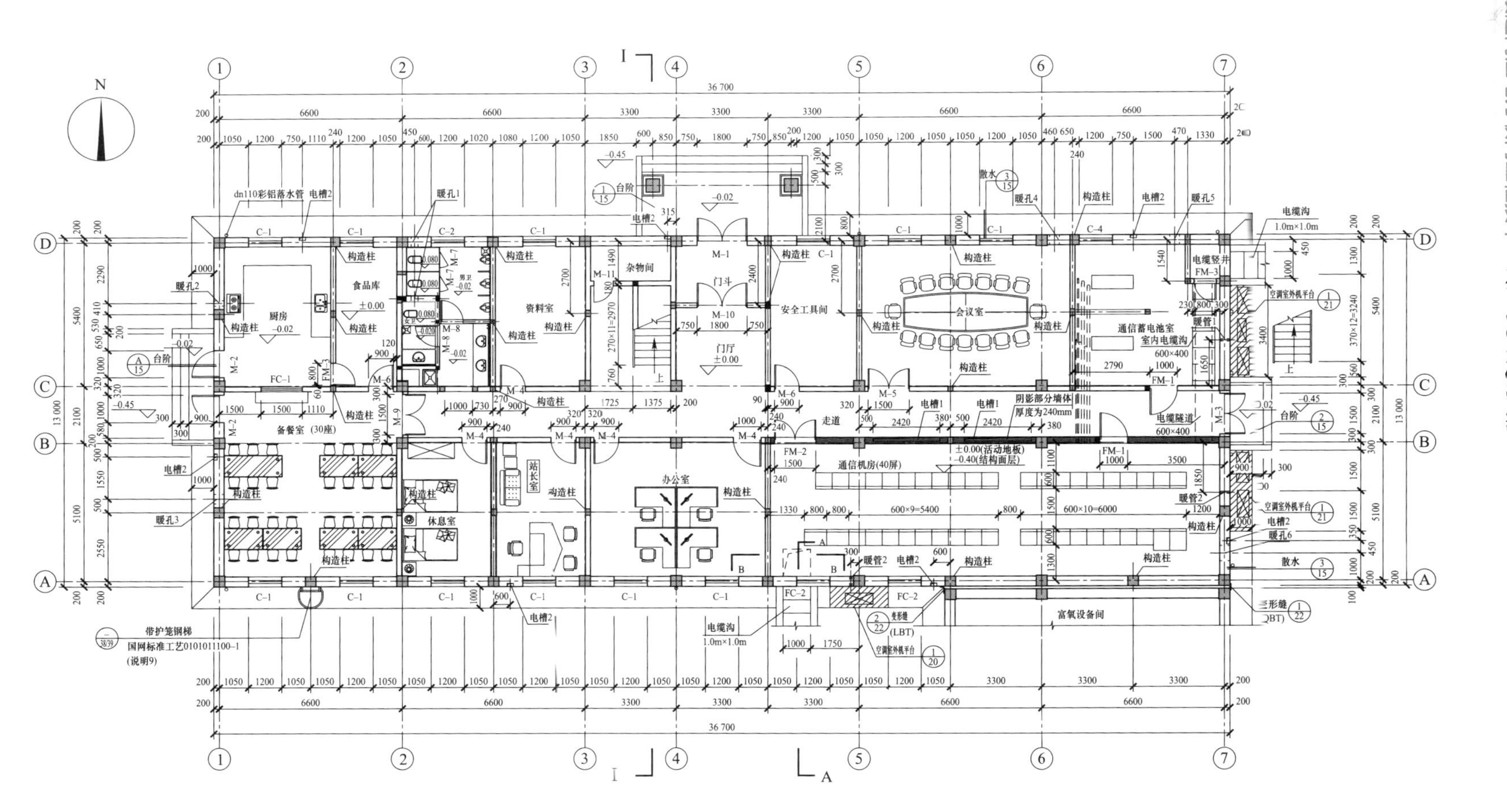

图 4.2-110　左贡 500kV 开关站主控通信楼建筑一层平面图

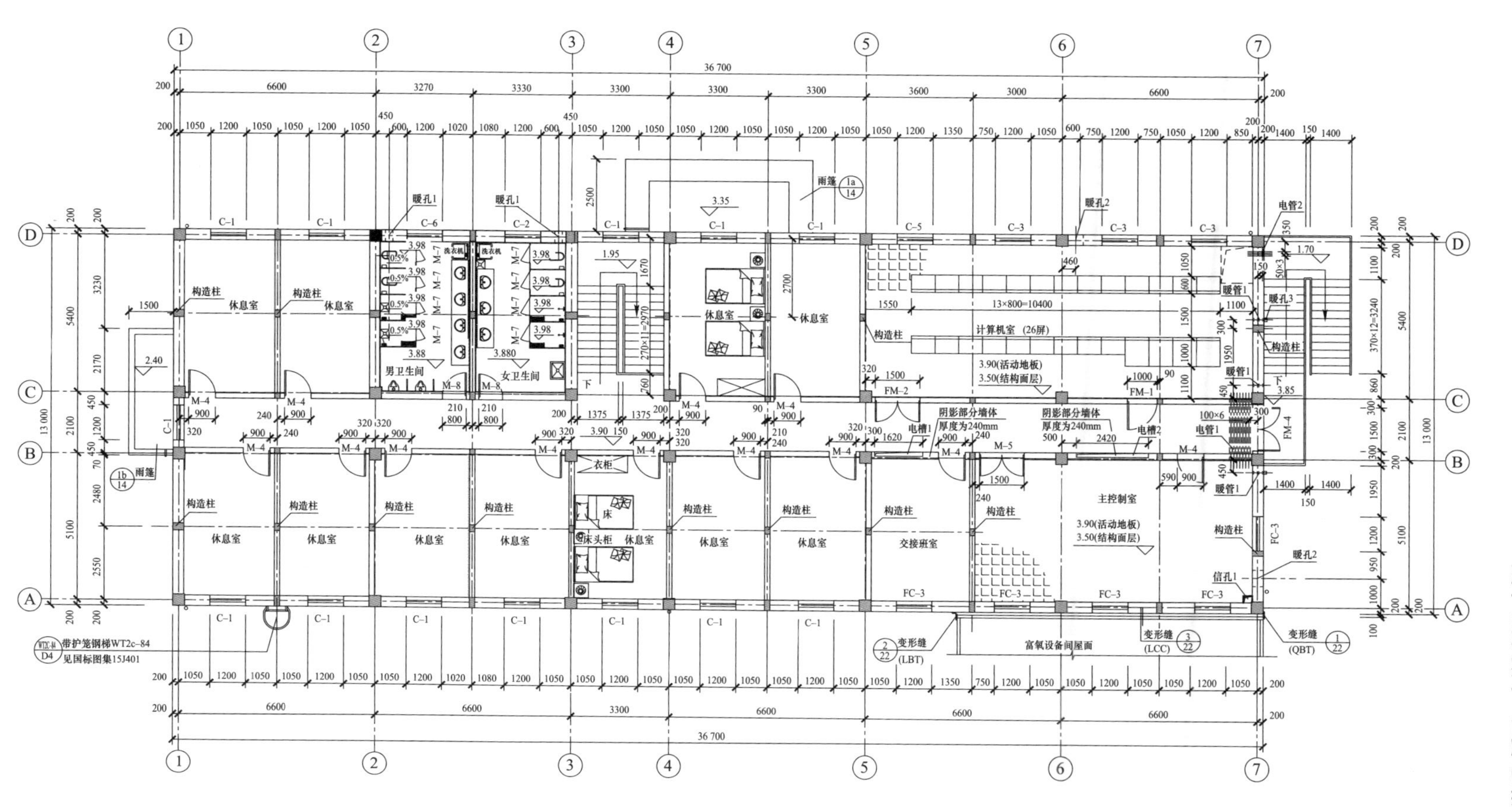

图 4.2-111 左贡 500kV 开关站主控通信楼建筑二层平面图

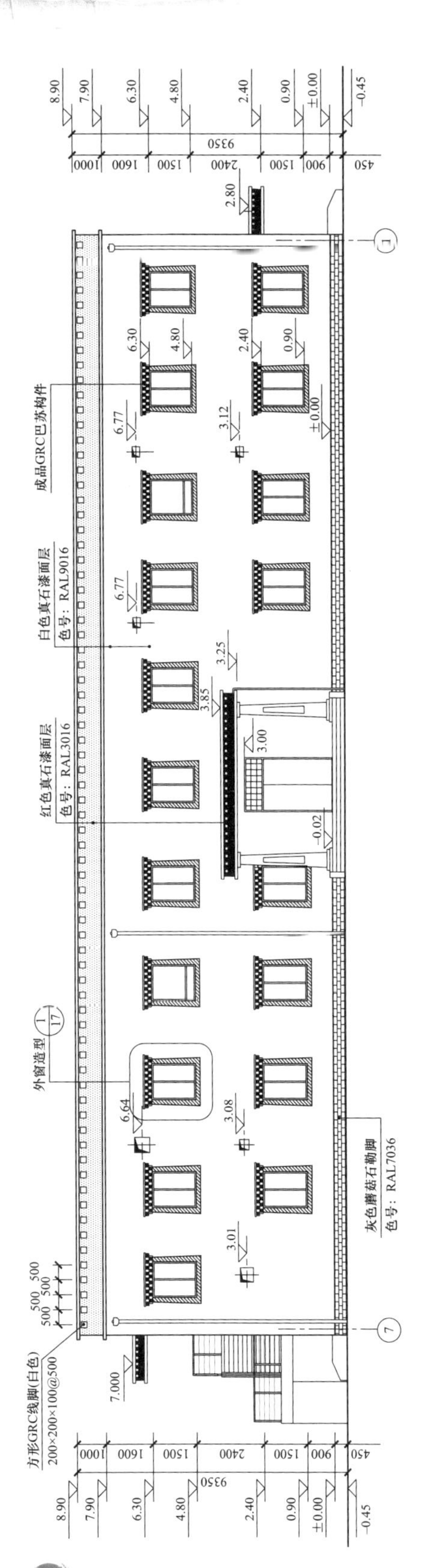

图 4.2－112　左贡 500kV 开关站主控通信楼建筑主立面图

图 4.2－113　左贡 500kV 开关站主控通信楼建筑次立面图

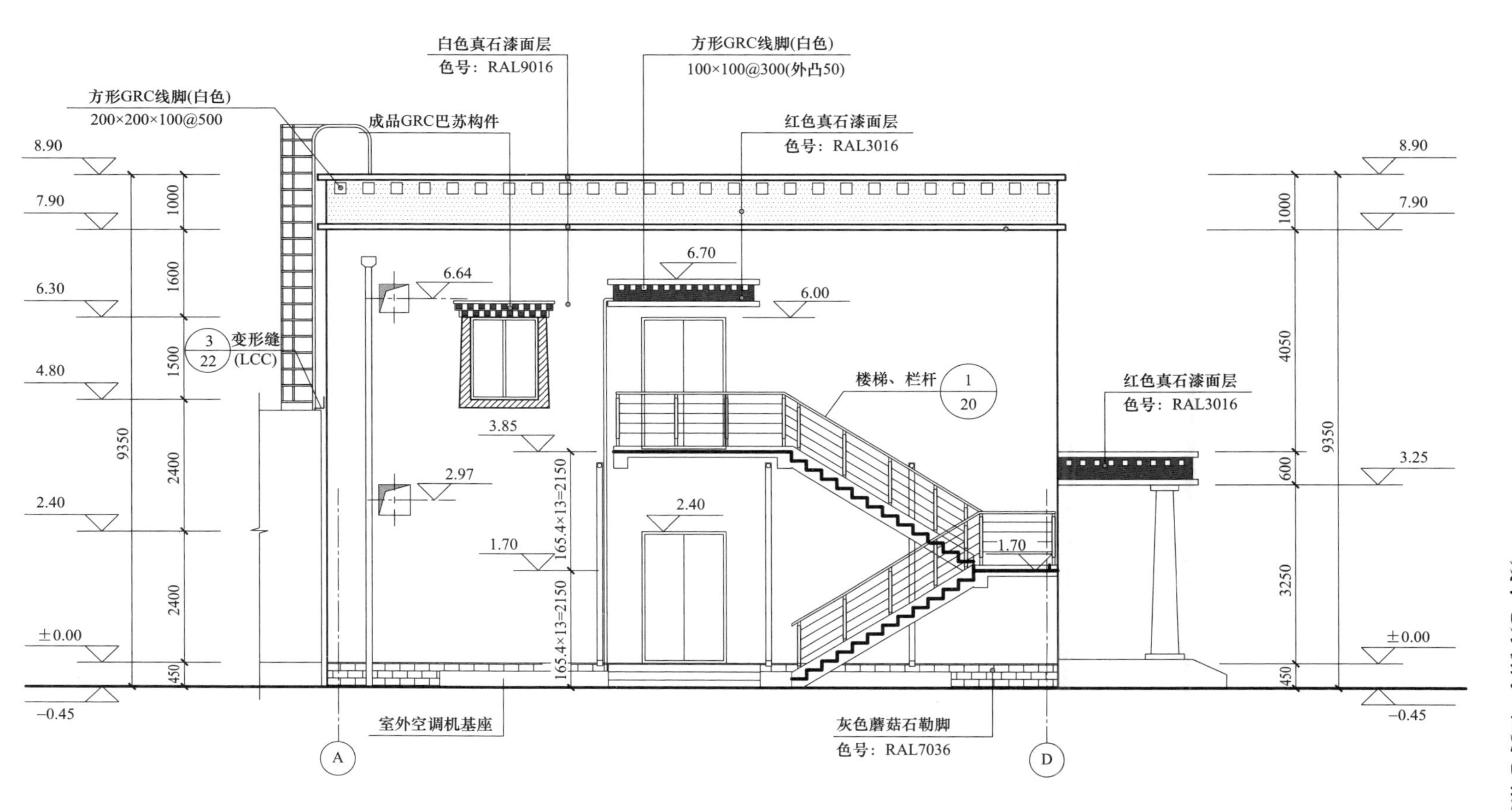

图 4.2-114 左贡 500kV 开关站主控通信楼建筑侧立面图

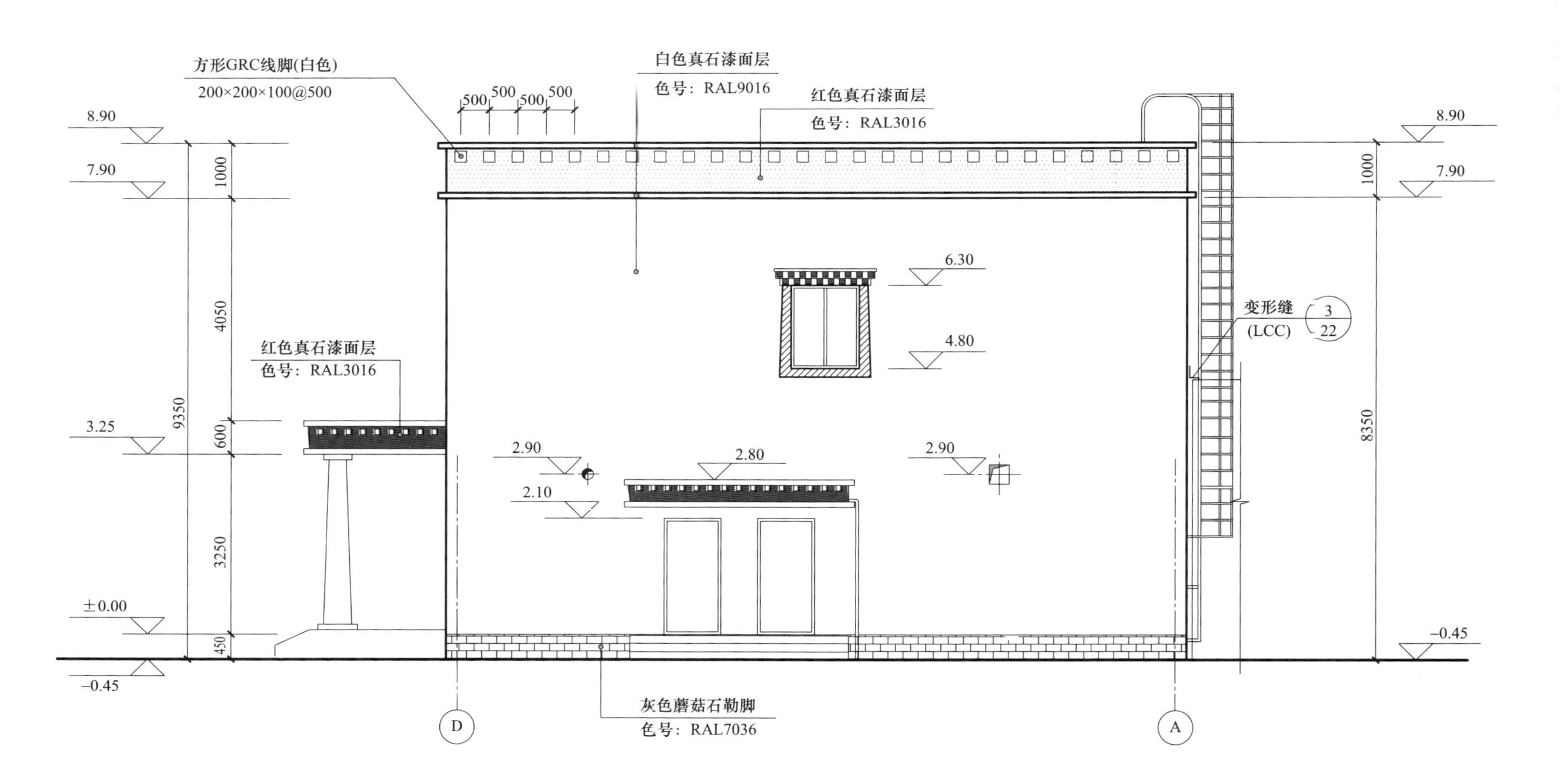

图 4.2－115　左贡 500kV 开关站主控通信楼建筑侧立面图

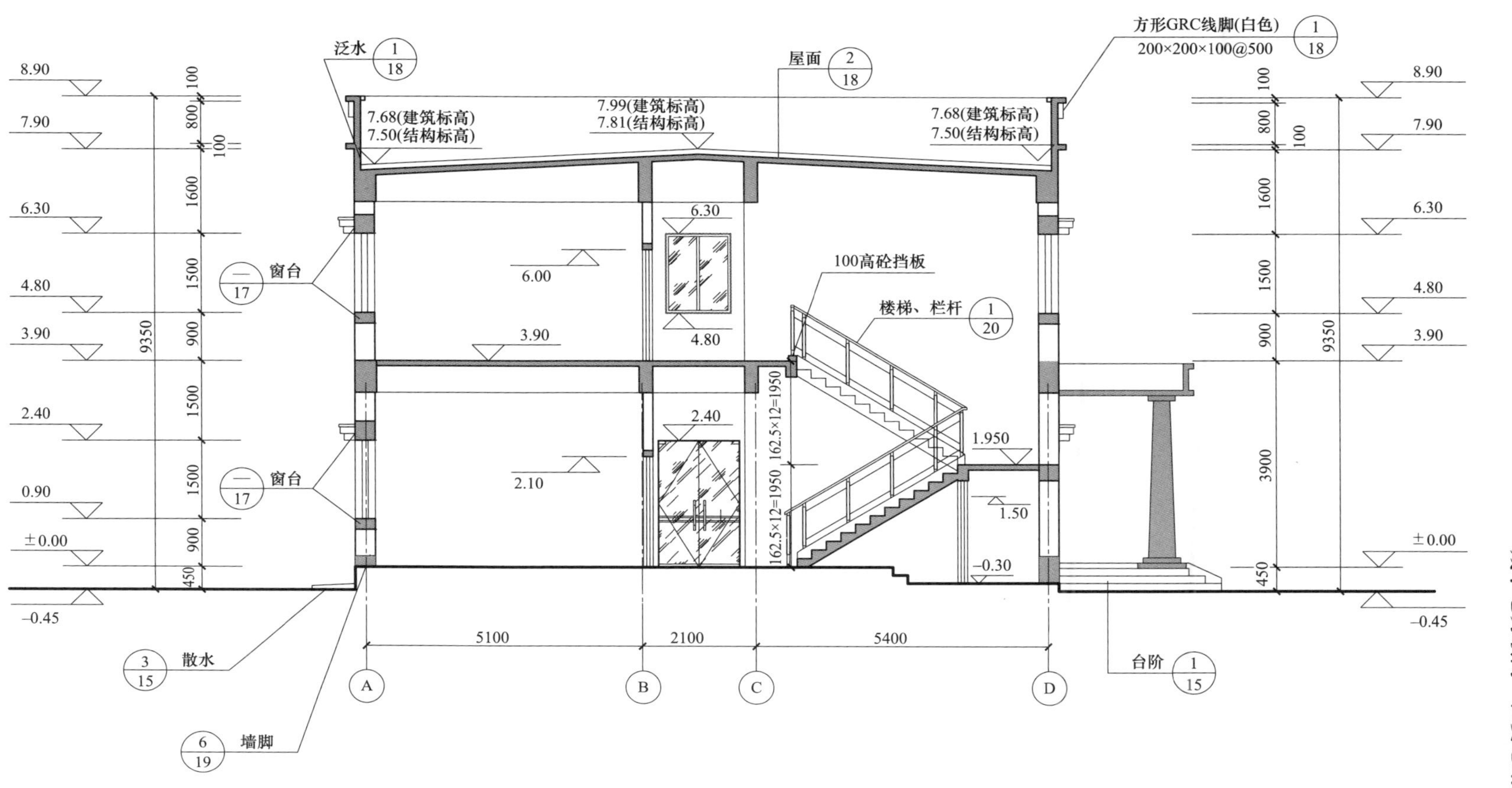

图 4.2-116 左贡 500kV 开关站主控通信楼建筑剖面图

（三）站内其他建筑设计

左贡 500kV 开关站内其他建筑除主控通信楼以外，还有警卫室、进站大门和 GIS 室（见图 4.2－117～图 4.2－119）等，设计风格均与主控通信楼协调一致，颜色均以白色为主，红色为辅，女儿墙设有红色色带，并增加白色 GRC 方块装饰，窗顶设置红色巴苏，窗框设置灰色巴卡。全站建构筑物协调统一，以简约的构造及颜色搭配彰显出西藏传统建筑的精髓。

（1）颜色均以白色为主，红色为辅。建筑女儿墙、窗顶巴苏、围墙压顶及大门门柱均为红色，其余为白色真石漆。

（2）融入藏族建筑元素，边玛墙、巴卡、巴苏及 GRC 方块构件等均融入建筑立面中。

（3）建筑物及构筑物造型力求简约大方，以更好地与周边环境融合。

图 4.2－117　左贡 500kV 开关站大门效果图

图 4.2－118　左贡 500kV 开关站传达室效果图

图 4.2－119　左贡 500kV 开关站 GIS 室效果图

附　录

附录A 门　　窗

站内建筑的门一般采用成品钢门、钢质或木质防火门（甲、乙、丙级）、实木门（木门材质及工艺需符合国家电网有限公司相关要求）等几种形式；窗采用 90 系列断热桥本色铝合金推拉窗、固定窗和 5+12A+5 Low-E 中空玻璃，具体设置要求如下。

1. 门

（1）所有建筑直接开向室外的大门，在满足建筑防火间距的前提下，无需做防火门。

1）传达室外门、主控通信楼一般开向室外的门均采用实体钢质保温防盗门（深灰色面板，色号 RAL7043）；其中主控通信楼主入口的门建议采用门禁安全玻璃门。

2）GIS 室大门采用平开钢质折叠门（上部带观察窗），小门采用钢质保温门（深灰色面板，色号 RAL7043）。

3）如需做防火门，则为钢质防火门（深灰色面板，色号 RAL7043）。

（2）所有建筑室内的普通门采用实木门。室内的防火门采用木质防火门（上部带观察窗）（黄色，色号 RAL1011）。

（3）变电站大门采用电动推拉实体钢质门（深灰色面板，色号 RAL7043）。

2. 窗

（1）主控室一层的外窗均在外侧加 304 不锈钢防盗护窗或同等强度实腹锌钢防盗护窗。不锈钢护窗方钢 25mm×25mm，足厚≥1mm，间距≤300mm；圆钢 ϕ19，足厚≥0.9mm。

（2）有屏蔽要求的房间的窗户采用双银 Low-E 中空玻璃，厚度 5+12A+5；或双玻之间焊接屏蔽网（厂家成品）。

（3）所有建筑物大理石窗台统一为人造大理石。

附录B 楼　地　面

GIS 室、500kV 继电器室、站用电小室和 SVC 阀室地面采用环氧砂浆自流平地坪

（绿色，劳尔色卡号 RAL6032）；泡沫消防设备间、消防小室、生活消防水泵房及富氧设备间地面采用水泥砂浆地面（浅灰色，劳尔色卡号 RAL7036）；卫生间采用300mm×300mm 防滑地砖（有防水层）（米白色，劳尔色卡号 RAL9016）；蓄电池室采用 600mm×600mm 耐酸地砖（米白色，劳尔色卡号 RAL9016）；二次设备室采用600mm×600mm 钢制防静电活动地板（米白色，劳尔色卡号 RAL9016），其余未做说明的地面宜采用 800mm×800mm 防滑地砖（米白色，劳尔色卡号 RAL9016）。

附录C　建筑内外装修

（一）建筑外墙装修

钢结构建筑外墙底层窗台（无窗建筑标高在 0.90～1.10m）以上采用压型钢板（米白色，劳尔色卡号 RAL9016；藏红色，劳尔色卡号 RAL3016），底层窗台（无窗建筑标高在 0.90～1.10m）以下的砌体外墙用蘑菇石面砖（浅灰色，劳尔色卡号 RAL7036）。

其余所有建筑外墙±0.00 标高以上采用真石漆外墙，以米白色为主色（米白色，劳尔色卡号 RAL9016），结合当地风格元素融入其他辅色（藏红色，劳尔色卡号 RAL3016；深灰色，劳尔色卡号 RAL7043）；±0.00 标高以下做蘑菇石面砖外墙（浅灰色，劳尔色卡号 RAL7036）。

（二）建筑内墙及顶棚装修

（1）内墙装修。建筑内除卫生间、厨房内墙采用瓷砖墙面（米白色，劳尔色卡号RAL9016），蓄电池室内墙采用耐腐蚀涂料（米白色，劳尔色卡号 RAL9016），压型钢板墙体内侧为成品压型钢板（米白色，劳尔色卡号 RAL9016）外，其余内墙均采用耐擦洗树脂乳液涂料或耐酸涂料（米白色，劳尔色卡号 RAL9016）。

（2）顶棚装修。顶棚无特殊说明者同内墙面做法，有吊顶者采用轻钢龙骨铝扣板吊顶（厨房、卫生间），吊顶面材为 300mm×300mm 铝合金方板（本色）。

附录D　全站建筑构造做法一览表

表D-1　　　　　　　　主控通信楼

类别	编号	类型	构造做法	使用部位	备注
屋面	①	钢筋混凝土屋面（I级防水）	40mm厚C20细石混凝土内配$\phi4$钢筋中距150mm 干铺聚酯纤维无纺布1层 10mm厚低强度等级砂浆隔离层 1.5mm厚合成高分子防水卷材2道 20mm厚1:3水泥砂浆找平 100mm厚挤塑聚苯板 20mm厚1:3水泥砂浆找平 现浇钢筋混凝土板，表面清扫干净（结构找坡5%）／现浇钢筋混凝土板，表面清扫干净（建筑构坡）	所有屋面	屋面做法参见12J201 A3 d（厚度经计算确定） 要求保温材料燃烧性能为B1级，保温材料吸水率＜2%
	①	钢质防静电活动地板	300mm高架空钢制防静电活动地板 20mm厚1:3水泥砂浆 水胶比为0.5水泥砂浆1道（内掺建筑胶） 80mm厚C20混凝土垫层，内配双向$\phi6$@200钢筋网 素土夯实／现浇钢筋混凝土楼板	局部工艺房间	《国家电网公司输变电工程标准工艺（六）标准工艺设计图集》 14页0101010303防静电活动地板1 规格600mm×600mm
楼地面	②	贴通体砖地面（有防水层）	10mm厚防滑地砖铺实拍平，干水泥擦缝 30mm厚干硬性水泥砂浆结合层，表面撒水泥粉 1.5mm厚聚氨酯防水层（2道） 1:3水泥砂浆或最薄处30mm厚C20细石混凝土找坡层抹平（详见备注2） 水胶比为0.5水泥砂浆一道（内掺建筑胶） 80mm厚C20混凝土垫层，内配双向$\phi6$@200钢筋网 素土夯实／现浇钢筋混凝土楼板	0.00m层卫生间、厨房 3.60m层卫生间	备注1：地面构造做法参见《国家电网公司输变电工程标准工艺（六）标准工艺设计图集》 13页0101010302贴通体砖地面2 备注2：找坡层＜30mm厚时用1:3水泥砂浆；≥30mm时用C20细石混凝土找坡； 规格300mm×300mm
	③	耐酸瓷砖地面	65mm厚耐酸瓷砖用YJ－2呋喃胶泥勾缝，缝宽6～10mm深15～20mm（缝内下步胶泥同结合层胶泥） KP1钾水玻璃胶泥结合层5～7mm厚 1.5mm厚沥青基聚氨酯隔离层表面撒粘粗石英砂 最薄处20mm厚1:3水泥砂浆或C20细石混凝土找坡层抹平 水泥浆一遍（内掺建筑胶）	0.00m层蓄电池室、通信蓄电池室	地面构造做法参见05J909 LD54页地51A/楼51A 规格600mm×600mm

续表

类别	编号	类型	构造做法	使用部位	备注
楼地面	③	耐酸瓷砖地面	100mm 厚 C15 混凝土 素土夯实 现浇钢筋混凝土楼板	0.00m 层蓄电池室、通信蓄电池室	地面构造做法参见 05J909 LD54 页地 51A/楼 51A 规格 600mm × 600mm
	④	贴通体砖地面	10mm 厚防滑地砖铺实拍平，干水泥擦缝 30mm 厚干硬性水泥砂浆结合层，表面撒水泥粉 水胶比为 0.5 水泥砂浆一道（内掺建筑胶） 80mm 厚 C20 混凝土垫层，内配双向 $\phi 6@200$ 钢筋网 素土夯实 现浇钢筋混凝土楼板	除特殊说明外其余所有房间	地面构造做法参见《国家电网公司输变电工程标准工艺（六）标准工艺设计图集》13 页 0101010302 贴通体砖地面 1 规格 800mm × 800mm
外墙	①	真石漆外墙	涂刷罩面剂 喷涂石头漆骨料 2 层 喷涂抗碱封底漆 1 遍 抗裂柔性耐水腻子刮平 3～4mm 厚抗裂砂浆，将耐碱玻璃纤维网布 1 层埋入砂浆中 40mm 厚聚苯颗粒保温砂浆分层抹面 6mm 厚 1:2.5 水泥砂浆找平 9mm 厚 1:3 水泥砂浆中层，刮平扫毛或扫出纹道 3mm 厚外加剂专用砂浆底面刮糙或专用界面剂甩毛（抹前先将 1 墙面用水湿润） 基层处理	除勒脚外所有外墙面	外墙构造做法参见《国家电网公司输变电工程标准工艺（六）标准工艺设计图集》30 页 0101010703 外墙真石漆 3 保温材料采用 XPS 挤塑聚苯板的需根据国标相应修改
	②	面砖外墙	1:1 水泥砂浆勾缝 混凝土界面处理剂，增强粘结力 贴 8～10mm 厚外墙蘑菇石砖，在砖粘贴面上随贴随涂刷 1 层 5mm 厚聚合物抗裂砂浆并做出平整麻面 热镀锌金属丝网（四角电焊网或六角编织网）利用塑料锚栓（每平方米不少于 5 根）将其与基层墙体锚固 5mm 厚聚合物抗裂砂浆 40mm 厚聚苯颗粒保温砂浆分层抹面 6mm 厚 1:2.5 水泥砂浆找平 9mm 厚 1:3 水泥砂浆中层，刮平扫毛或扫出纹道 3mm 厚外加剂专用砂浆底面刮糙或专用界面剂甩毛（抹前先将 1 墙面用水湿润） 基层处理	勒脚处外墙	外墙构造做法参见《国家电网公司输变电工程标准工艺（六）标准工艺设计图集》25 页 0101010701 外墙贴砖墙面 3 规格 300mm × 150mm 保温材料采用 XPS 挤塑聚苯板的需根据国标相应修改
内墙装修	①	耐擦洗涂料	树脂乳液涂料两道饰面 封底漆 1 道（封底漆干燥后再做面涂） 刮腻子 3 遍，打磨平整 6mm 厚 1:2.5 水泥砂浆抹平 8mm 厚 1:1:6 水泥石灰膏砂浆中层，刮平扫毛或扫出纹道 3mm 厚外加剂专用砂浆底面刮糙或专用界面剂甩毛（抹前先将墙面用水湿润） 基层处理	除特殊说明外其余所有房间	内墙构造做法参见《国家电网公司输变电工程标准工艺（六）标准工艺设计图集》7 页 0101010102 内墙涂料墙面 3

续表

类别	编号	类型	构造做法	使用部位	备注
内墙装修	②	瓷砖墙面	5mm 厚釉面砖，白水泥浆擦缝 4mm 厚强力胶粉泥粘结层，揉挤压实 1.5mm 厚聚合物水泥基复合防水涂料防水层 9mm 厚 1:3 水泥砂浆打底压实抹平 素水泥浆 1 道甩毛（内掺建筑胶） 基层处理	0.00m 层卫生间、厨房 3.60m 卫生间	内墙构造做法参见《国家电网公司输变电工程标准工艺（六）标准工艺设计图集》8 页 0101010103 内墙贴瓷砖墙面 4 规格 600mm×300mm
	③	耐腐蚀涂料	防腐蚀涂层 腻子找平（与面漆配套腻子） 5mm 厚 1:2.5 水泥砂浆压实赶平 9mm 厚 1:1:6 水泥石灰膏砂浆打底扫毛 水泥浆一道（内掺建筑胶）	0.00m 层蓄电池室、通信蓄电池室	内墙构造做法参见《国家建筑标准设计图集》NQ71 页内墙 35D
顶棚	①	耐擦洗涂料顶棚	树脂乳液涂料面层 2 道（每道间隔 2h） 封底漆 1 道（干燥后再做面涂） 3mm 厚 1:0.5:2.5 水泥石灰膏砂浆找平 5mm 厚 1:0.5:3 水泥石灰膏砂浆打底扫毛或划出纹道 刷素水泥浆 1 道（内掺建筑胶） 钢筋混凝土板，界面剂清除表面污渍	除特殊说明外其余所有房间	顶棚构造做法参见《国家电网公司输变电工程标准工艺（六）标准工艺设计图集》20 页 0101010401 涂料顶棚 2
	②	铝扣板	铝扣板（烤漆） 轻钢龙骨吊顶 钢筋混凝土板，界面剂清除表面污渍	0.00m 层卫生间、厨房 3.60m 卫生间	顶棚构造做法参见《国家电网公司输变电工程标准工艺（六）标准工艺设计图集》21 页 0101010403 吊顶顶棚（铝扣板）1 规格 300mm×300mm
	③	耐酸涂料顶棚	防腐蚀涂层 腻子找平（与面漆配套腻子） 5mm 厚 1:2.5 水泥砂浆压实赶平 9mm 厚 1:1:6 水泥石灰膏砂浆打底扫毛 水泥浆 1 道（内掺建筑胶）	0.00m 层蓄电池室、通信蓄电池室	参见 05J909 NQ71 页内墙 35D
踢脚	①	瓷砖踢脚	120mm 高面砖成品踢脚板 10mm 厚 10mm 厚 1:2 水泥砂浆粘贴 界面剂 1 道	除卫生间与厨房外，贴地砖的房间	踢脚构造做法参见《国家电网公司输变电工程标准工艺（六）标准工艺设计图集》11 页 0101010300－1 面砖踢脚板 4
	②	耐酸砖踢脚	120mm 高 10mm 厚耐酸砖面层，树脂胶泥挤缝（缝宽 2～3mm） 5mm 厚树脂胶泥结合层 6mm 厚 1:0.5:2 水泥石灰膏砂浆木抹子抹平 8mm 厚 1:3 水泥砂浆打底找出纹道 素水泥浆 1 道（内掺建筑胶）	0.00m 层蓄电池室、通信蓄电池室	踢脚构造做法参见 05J909 TJ21 页踢 20
	③	硬木踢脚	200μm 厚聚酯漆或聚氨酯漆 18mm 厚硬木踢脚板（背面满刷氟化钠防腐剂）120mm 高 用尼龙膨胀螺栓固定 墙缝原浆抹平，聚合物水泥砂浆修补墙面	0.00m 层通信机房 3.60m 层计算机室	踢脚构造做法参见 05J909 TJ11 页踢 7D

注 个别站由于局部房间布置有差别的请参考该表做法。

表 D-2　　500kV 继电器室

类别	编号	类型	构造做法	使用部位	备注
屋面	①	钢筋混凝土屋面 （I 级防水）	40mm 厚 C20 细石混凝土内配 ϕ4 钢筋中距 150 干铺聚酯纤维无纺布 1 层 10mm 厚低强度等级砂浆隔离层 1.5mm 厚合成高分子防水卷材 2 道 20mm 厚 1:3 水泥砂浆找平 100mm 厚挤塑聚苯板 20mm 厚 1:3 水泥砂浆找平 现浇钢筋混凝土板，表面清扫干净（建筑找坡）	所有屋面	屋面做法参见 12J201 A3 d（厚度经计算确定） 要求保温材料燃烧性能为 B1 级，保温材料吸水率＜2%
地面	①	环氧砂浆自流平地面	5mm 厚环氧砂浆自流平面层 环氧稀胶泥 1 道 50mm 厚 C30 细石混凝土，随打随抹光，强度达标后表面进行打磨或喷砂处理 水泥浆 1 遍（内掺建筑胶） 100mm 厚 C15 混凝土 0.2mm 厚塑料薄膜 150mm 厚碎石夯入土中 素土夯实	所有房间	地面构造做法参见《国家电网公司输变电工程标准工艺（六）标准工艺设计图集》 15 页 0101010304 自流平地面 1
外墙	①	真石漆外墙	涂刷罩面剂 喷涂石头漆骨料两层 喷涂抗碱封底漆 1 遍 抗裂柔性耐水腻子刮平 3～4mm 厚抗裂砂浆，将耐碱玻璃纤维网布 1 层埋入砂浆中 40mm 厚聚苯颗粒保温砂浆分层抹面 6mm 厚 1:2.5 水泥砂浆找平 9mm 厚 1:3 水泥砂浆中层，刮平扫毛或扫出纹道 3mm 厚外加剂专用砂浆底面刮糙或专用界面剂甩毛（抹前先将 1 墙面用水湿润） 基层处理	除勒脚外所有外墙面	外墙构造做法参见《国家电网公司输变电工程标准工艺（六）标准工艺设计图集》 30 页 0101010703 外墙真石漆 3 保温材料采用 XPS 挤塑聚苯板的需根据国标相应修改
	②	面砖外墙	1:1 水泥砂浆勾缝 混凝土界面处理剂，增强粘结力 贴 8～10mm 厚外墙蘑菇石砖，在砖粘贴面上随贴随涂刷 1 层 5mm 厚聚合物抗裂砂浆并做出平整麻面 热镀锌金属丝网（四角电焊网或六角编织网）利用塑料锚栓（每平方米不少于 5 根）将其与基层墙体锚固 5mm 厚聚合物抗裂砂浆 40mm 厚聚苯颗粒保温砂浆分层抹面 6mm 厚 1:2.5 水泥砂浆找平 9mm 厚 1:3 水泥砂浆中层，刮平扫毛或扫出纹道 3mm 厚外加剂专用砂浆底面刮糙或专用界面剂甩毛（抹前先将 1 墙面用水湿润） 基层处理	勒脚处外墙面	外墙构造做法参见《国家电网公司输变电工程标准工艺（六）标准工艺设计图集》 25 页 0101010701 外墙贴砖墙面 3 规格 300mm × 150mm 保温材料采用 XPS 挤塑聚苯板的需根据国标相应修改

续表

类别	编号	类型	构造做法	使用部位	备注
内墙装修	①	耐擦洗涂料	树脂乳液涂料两道饰面 封底漆1道（封底漆干燥后再做面涂） 刮腻子3遍，打磨平整 6mm厚1:2.5水泥砂浆抹平 8mm厚1:1:6水泥石灰膏砂浆中层，刮平扫毛或扫出纹道 3mm 厚外加剂专用砂浆底面刮糙或专用界面剂甩毛（抹前先将墙面用水湿润） 基层处理	所有内墙面	内墙构造做法参见《国家电网公司输变电工程标准工艺（六）标准工艺设计图集》7页0101010102内墙涂料墙面3
顶棚	①	耐擦洗涂料顶棚	树脂乳液涂料面层2道（每道间隔2h） 封底漆1道（干燥后再做面涂） 3mm厚1:0.5:2.5水泥石灰膏砂浆找平 5mm厚1:0.5:3水泥石灰膏砂浆打底扫毛或划出纹道 刷素水泥浆1道（内掺建筑胶） 钢筋混凝土板，界面剂清除表面污渍	所有顶棚	顶棚构造做法参见《国家电网公司输变电工程标准工艺（六）标准工艺设计图集》20页0101010400涂料顶棚2
踢脚	①	水泥砂浆踢脚面覆环氧漆	环氧漆两道饰面（颜色同地面） 刮腻子1遍，打磨平整 8mm厚1:2.5水泥砂浆抹光 10mm厚1:3水泥砂浆打底并划出纹道 素水泥浆1道	所有踢脚	踢脚构造做法参见《国家电网公司输变电工程标准工艺（六）标准工艺设计图集》11页0101010300踢脚1

表D-3　　　　站用电小室建筑

类别	编号	类型	构造做法	使用部位	备注
屋面	①	钢筋混凝土屋面（I级防水）	40mm厚C20细石混凝土内配 $\phi 4$ 钢筋中距150mm 干铺聚酯纤维无纺布1层 10mm厚低强度等级砂浆隔离层 1.5mm厚合成高分子防水卷材2道 20mm厚1:3水泥砂浆找平 100mm厚挤塑聚苯板 20mm厚1:3水泥砂浆找平 现浇钢筋混凝土板，表面清扫干净（建筑找坡）	所有屋面	屋面做法参见12J201 A3 d（厚度经计算确定） 要求保温材料燃烧性能为B1级，保温材料吸水率＜2%
地面	①	环氧砂浆自流平地面	5mm厚环氧砂浆自流平面层 环氧稀胶泥1道 50mm厚C30细石混凝土，随打随抹光，强度达标后表面进行打磨或喷砂处理 水泥浆1遍（内掺建筑胶） 100mm厚C15混凝土 0.2mm厚塑料薄膜 150mm厚碎石夯入土中 素土夯实	所有房间	地面构造做法参见《国家电网公司输变电工程标准工艺（六）标准工艺设计图集》15页0101010304自流平地面1

续表

类别	编号	类型	构造做法	使用部位	备注
外墙	①	真石漆外墙	涂刷罩面剂 喷涂石头漆面料两层 喷涂抗碱封底漆1遍 抗裂柔性耐水腻子刮平 3～4mm厚抗裂砂浆，将耐碱玻璃纤维网布1层埋入砂浆中 40mm厚聚苯颗粒保温砂浆分层抹面 6mm厚1:2.5水泥砂浆找平 9mm厚1:3水泥砂浆中层，刮平扫毛或扫出纹道 3mm厚外加剂专用砂浆底面刮糙或专用界面剂甩毛(抹前先将1墙面用水湿润) 基层处理	除勒脚外所有外墙面	外墙构造做法参见《国家电网公司输变电工程标准工艺（六）标准工艺设计图集》30页0101010703外墙真石漆3 保温材料采用XPS挤塑聚苯板的需根据国标相应修改
	②	面砖外墙	1:1水泥砂浆勾缝 混凝土界面处理剂，增强粘结力 贴8～10mm厚外墙蘑菇石砖，在砖粘贴面上随贴随涂刷1层 5mm厚聚合物抗裂砂浆并做出平整麻面 热镀锌金属丝网(四角电焊网或六角编织网)利用塑料锚栓（每平方米不少于5根）将其与基层墙体锚固 5mm厚聚合物抗裂砂浆 40mm厚聚苯颗粒保温砂浆分层抹面 6mm厚1:2.5水泥砂浆找平 9mm厚1:3水泥砂浆中层，刮平扫毛或扫出纹道 3mm厚外加剂专用砂浆底面刮糙或专用界面剂甩毛(抹前先将1墙面用水湿润) 基层处理	勒脚处外墙面	外墙构造做法参见《国家电网公司输变电工程标准工艺（六）标准工艺设计图集》25页0101010701外墙贴砖墙面3 规格300mm×150mm 保温材料采用XPS挤塑聚苯板的需根据国标相应修改
内墙装修	①	耐擦洗涂料	树脂乳液涂料两道饰面 封底漆1道（封底漆干燥后再做面涂） 刮腻子3遍，打磨平整 6mm厚1:2.5水泥砂浆抹平 8mm厚1:1:6水泥石灰膏砂浆中层，刮平扫毛或扫出纹道 3mm厚外加剂专用砂浆底面刮糙或专用界面剂甩毛（抹前先将墙面用水湿润） 基层处理	所有内墙面	内墙构造做法参见《国家电网公司输变电工程标准工艺（六）标准工艺设计图集》7页0101010102内墙涂料墙面3
顶棚	①	耐擦洗涂料顶棚	树脂乳液涂料面层2道（每道间隔2h） 封底漆1道（干燥后再做面涂） 3mm厚1:0.5:2.5水泥石灰膏砂浆找平 5mm厚1:0.5:3水泥石灰膏砂浆打底扫毛或划出纹道 刷素水泥浆1道（内掺建筑胶） 钢筋混凝土板，界面剂清除表面污渍	所有顶棚	顶棚构造做法参见《国家电网公司输变电工程标准工艺（六）标准工艺设计图集》20页0101010400涂料顶棚2
踢脚	①	水泥砂浆踢脚面覆环氧漆	环氧漆两道饰面（颜色同地面） 刮腻子1遍，打磨平整 8mm厚1:2.5水泥砂浆抹光 10mm厚1:3水泥砂浆打底并划出纹道 素水泥浆1道	所有踢脚	踢脚构造做法参见《国家电网公司输变电工程标准工艺（六）标准工艺设计图集》11页0101010300踢脚1

表 D-4　　500kV GIS 室建筑

类别	编号	类型	构造做法	使用部位	备注
屋面	①	金属彩板屋面（I 级防水）	表面喷涂氟碳 PVDF，0.65mm 厚 360° 咬口锁边彩色涂层镀铝锌压型钢板，滑动支座 0.17mm 厚高密度纺粘聚乙烯膜防水透气膜 2 × 75mm 厚容重 24kg/m³ 粉红色保温棉分两层错缝铺设，两侧玻璃棉室内侧覆 F50 阻燃型铝箔，外侧玻璃棉室外侧覆 W58 阻燃型防潮防腐贴面 通过 ϕ2@20mm 镀锌钢丝网用 0.6mm × 35mm 扁圆钢固定檩条在上下之间 0.25mm 厚闪蒸高密度纺粘聚乙烯无纺布隔汽膜 防冷桥檩条 TP－600＋防冷桥螺钉 TF－40－100 屋面内采用 0.6mm 厚镀铝锌浅波压型钢板，表面涂层采用 PE 聚酯烤漆 屋面 H 型主檩条，屋面找坡 10%	所有屋面	屋面板咬口处填充不干胶泥，防止毛细渗水 屋面外天沟做法参 06J925－2　27 页做法 5 屋脊做法参 08J925－3 W13 页做法 1 屋面跨做法参 08J925－3 W7 页做法 13
地面	①	环氧砂浆自流平地面	5mm 厚环氧砂浆自流平面层 环氧稀胶泥 1 道 50mm 厚 C30 细石混凝土，随打随抹光，强度达标后表面进行打磨或喷砂处理 水泥浆 1 遍（内掺建筑胶） 100mm 厚 C15 混凝土 0.2mm 厚塑料薄膜 150mm 厚碎石夯入土中 素土夯实	所有房间	地面构造做法参见 标准工艺（六）标准工艺设计图集 15 页 0101010304 自流平地面 1
外墙	①	成品压型钢板	100mm 厚成品复合保温板（岩棉夹芯板）	除砖墙外所有外墙面	1、压型钢板窗套、墙角做法参 08J925－3 Q15 页 2. 压型钢板复合保温墙体雨篷做法参 06J925－2 70 页 3. 门洞构造做法参 03J111－1 72 页做法 145 4. 压型钢板连接做法参 08J925－3 Q13 页
	②	面砖外墙	1:1 水泥砂浆勾缝。 混凝土界面处理剂，增强粘结力。 贴 8～10mm 厚外墙蘑菇石砖，在砖粘贴面上随贴随涂刷 1 层 5mm 厚聚合物抗裂砂浆并做出平整麻面 热镀锌金属丝网（四角电焊网或六角编织网）利用塑料锚栓（每平方米不少于 5 根）将其与基层墙体锚固 5mm 厚聚合物抗裂砂浆 40mm 厚聚苯颗粒保温砂浆分层抹面 6mm 厚 1:2.5 水泥砂浆找平 9mm 厚 1:3 水泥砂浆中层，刮平扫毛或扫出纹道 3mm 厚外加剂专用砂浆底面刮糙或专用界面剂甩毛（抹前先将墙面用水湿润） 基层处理	砖墙外墙面	外墙构造做法参见《国家电网公司输变电工程标准工艺（六）标准工艺设计图集》 25 页 0101010701 外墙贴砖墙面 3 规格 300mm × 150mm 保温材料采用 XPS 挤塑聚苯板的需根据国标相应修改

续表

类别	编号	类型	构造做法	使用部位	备注
内墙装修	①	成品压型钢板	100mm 厚成品复合保温板（岩棉夹芯板）	除砖墙外所有内墙面	
	②	耐擦洗涂料	树脂乳液涂料 2 道饰面 封底漆 1 道（封底漆干燥后再做面涂） 刮腻子 3 遍，打磨平整 6mm 厚 1:2.5 水泥砂浆找平 8mm 厚 1:1:6 水泥石灰膏砂浆中层，刮平扫毛或扫出纹道 3mm 厚外加剂专用砂浆底面刮糙或专用界面剂甩毛（抹前先将 1 墙面用水湿润） 基层处理	砖墙内墙面	内墙构造做法参见《国家电网公司输变电工程标准工艺（六）标准工艺设计图集》7 页 0101010102 内墙涂料墙面 3
顶棚	①	成品压型钢板	0.6mm 厚镀铝锌浅波压型钢板	所有顶棚	
踢脚	①	水泥砂浆踢脚面覆环氧漆	环氧漆两道饰面（颜色同地面） 刮腻子 1 遍，打磨平整 8mm 厚 1:2.5 水泥砂浆抹光 10mm 厚 1:3 水泥砂浆打底并划出纹道 素水泥浆 1 道	所有踢脚	踢脚构造做法参见《国家电网公司输变电工程标准工艺（六）标准工艺设计图集》11 页 0101010300 踢脚 1

表 D-5　　220kV GIS 室、220kV 及主变 35kV 小室建筑

类别	编号	类型	构造做法	使用部位	备注
屋面	①	金属彩板屋面（I 级防水）	表面喷涂氟碳 PVDF，0.65mm 厚 360° 咬口锁边彩色涂层镀铝锌压型钢板，滑动支座 0.17mm 厚高密度纺粘聚乙烯膜防水透气膜 2 × 75mm 厚容重 24kg/m³ 粉红色保温棉分两层错缝铺设，两侧玻璃棉室内侧覆 F50 阻燃型铝箔，外侧玻璃棉室外侧覆 W58 阻燃型防潮防腐贴面 通过 ϕ2@20mm 镀锌钢丝网用 0.6mm × 35mm 扁圆钢固定檩条在上下之间 0.25mm 厚闪蒸高密度纺粘聚乙烯无纺布隔汽膜 防冷桥檩条 TP－600＋防冷桥螺钉 TF－40－100 屋面内采用 0.6mm 厚镀铝锌浅波压型钢板，表面涂层采用 PE 聚酯烤漆 屋面 H 型主檩条，屋面找坡 10%	所有屋面	屋面板咬口处填充不干胶泥，防止毛细渗水 屋面外天沟做法参 06J925－2　27 页做法 5 屋脊做法参 08J925－3 W13 页做法 1 屋面跨做法参 08J925－3 W7 页做法 13
地面	①	环氧砂浆自流平地面	5mm 厚环氧砂浆自流平面层 环氧稀胶泥 1 道 50mm 厚 C30 细石混凝土，随打随抹光，强度达标后表面进行打磨或喷砂处理 水泥浆 1 遍（内掺建筑胶） 100mm 厚 C15 混凝土 0.2mm 厚塑料薄膜 150mm 厚碎石夯入土中 素土夯实	所有房间	地面构造做法参见《国家电网公司输变电工程标准工艺（六）标准工艺设计图集》15 页 0101010304 自流平地面 1

续表

类别	编号	类型	构造做法	使用部位	备注
外墙	①	成品压型钢板	100mm 厚成品复合保温板（岩棉夹芯板）	除砖墙外所有外墙面	1. 压型钢板窗套、墙角做法参 08J925－3 Q15 页 2. 压型钢板复合保温墙体雨篷做法参 06J925－2 70 页 3. 门洞构造做法参 03J111－1 72 页做法 145 4. 压型钢板连接做法参 08J925－3 Q13 页
	②	面砖外墙	1:1 水泥砂浆勾缝 混凝土界面处理剂，增强粘结力 贴 8～10mm 厚外墙蘑菇石砖，在砖粘贴面上随贴随涂刷 1 层 5mm 厚聚合物抗裂砂浆并做出平整麻面 热镀锌金属丝网（四角电焊网或六角编织网）利用塑料锚栓（每平方米不少于 5 根）将其与基层墙体锚固 5mm 厚聚合物抗裂砂浆 40mm 厚聚苯颗粒保温砂浆分层抹面 6mm 厚 1:2.5 水泥砂浆找平 9mm 厚 1:3 水泥砂浆中层，刮平扫毛或扫出纹道 3mm 厚外加剂专用砂浆底面刮糙或专用界面剂甩毛（抹前先将 1 墙面用水湿润） 基层处理	砖墙外墙面	外墙构造做法参见《国家电网公司输变电工程标准工艺（六）标准工艺设计图集》25 页 0101010701 外墙贴砖墙面 3 规格 300mm × 150mm 保温材料采用 XPS 挤塑聚苯板的需根据国标相应修改
内墙装修	①	成品压型钢板	100mm 厚成品复合保温板（岩棉夹芯板）	除砖墙外所有内墙面	
	②	耐擦洗涂料	树脂乳液涂料两道饰面 封底漆 1 道（封底漆干燥后再做面涂） 刮腻子 3 遍，打磨平整 6mm 厚 1:2.5 水泥砂浆找平 8mm 厚 1:1:6 水泥石灰膏砂浆中层，刮平扫毛或扫出纹道 3mm 厚外加剂专用砂浆底面刮糙或专用界面剂甩毛（抹前先将墙面用水湿润） 基层处理	砖墙内墙面	内墙构造做法参见《国家电网公司输变电工程标准工艺（六）标准工艺设计图集》7 页 0101010102 内墙涂料墙面 3
顶棚	①	成品压型钢板	0.6mm 厚镀铝锌浅波压型钢板	所有顶棚	
踢脚	①	水泥砂浆踢脚面覆环氧漆	环氧漆两道饰面（颜色同地面） 刮腻子 1 遍，打磨平整 8mm 厚 1:2.5 水泥砂浆抹光 10mm 厚 1:3 水泥砂浆打底并划出纹道 素水泥浆 1 道	所有踢脚	踢脚构造做法参见《国家电网公司输变电工程标准工艺（六）标准工艺设计图集》11 页 0101010300 踢脚 1

表 D-6　　泡沫消防设备间

类别	编号	类型	构造做法	使用部位	备注
屋面	①	钢筋混凝土屋面（I 级防水）	40mm 厚 C20 细石混凝土内配 ϕ4 钢筋中距 150 干铺聚酯纤维无纺布 1 层 10mm 厚低强度等级砂浆隔离层 1.5mm 厚合成高分子防水卷材 2 道 20mm 厚 1:3 水泥砂浆找平 100mm 厚挤塑聚苯板 20mm 厚 1:3 水泥砂浆找平 现浇钢筋混凝土板，表面清扫干净（建筑找坡）	所有屋面	屋面做法参见 12J201 A3 d（厚度经计算确定） 要求保温材料燃烧性能为 B1 级，保温材料吸水率＜2%
地面	①	水泥砂浆地面	20mm 厚 1:2.5 水泥砂浆（内掺抗裂纤维或水泥纤维布），分 3 次原浆压光成面 水泥浆 1 遍（内掺建筑胶） 80mm 厚 C20 混凝土垫层，内配双向 ϕ6@200 钢筋网 素土夯实	所有房间	楼地面构造做法参见《国家电网公司输变电工程标准工艺（六） 标准工艺设计图集》 18 页 0101010307 水泥砂浆地面 1
外墙	①	真石漆外墙	涂刷罩面剂 喷涂石头漆骨料 2 层 喷涂抗碱封底漆 1 遍 抗裂柔性耐水腻子刮平 3～4mm 厚抗裂砂浆，将耐碱玻璃纤维网布 1 层埋入砂浆中 40mm 厚聚苯颗粒保温砂浆分层抹面 6mm 厚 1:2.5 水泥砂浆找平 9mm 厚 1:3 水泥砂浆中层，刮平扫毛或扫出纹道 3mm 厚外加剂专用砂浆底面刮糙或专用界面剂甩毛（抹前先将 1 墙面用水湿润） 基层处理	除勒脚外所有外墙面	外墙构造做法参见《国家电网公司输变电工程标准工艺（六） 标准工艺设计图集》 30 页 0101010703 外墙真石漆 3 保温材料采用 XPS 挤塑聚苯板的需根据国标相应修改
	②	面砖外墙	1:1 水泥砂浆勾缝 混凝土界面处理剂，增强粘结力 贴 8～10mm 厚外墙蘑菇石砖，在砖粘贴面上随贴随涂刷 1 层 5mm 厚聚合物抗裂砂浆并做出平整麻面 热镀锌金属丝网（四角电焊网或六角编织网）利用塑料锚栓（每平方米不少于 5 根）将其与基层墙体锚固 5mm 厚聚合物抗裂砂浆 40mm 厚聚苯颗粒保温砂浆分层抹面 6mm 厚 1:2.5 水泥砂浆找平 9mm 厚 1:3 水泥砂浆中层，刮平扫毛或扫出纹道 3mm 厚外加剂专用砂浆底面刮糙或专用界面剂甩毛（抹前先将 1 墙面用水湿润） 基层处理	勒脚处外墙面	外墙构造做法参见《国家电网公司输变电工程标准工艺（六） 标准工艺设计图集》 25 页 0101010701 外墙贴砖墙面 3 规格 300mm × 150mm 保温材料采用 XPS 挤塑聚苯板的需根据国标相应修改

续表

类别	编号	类型	构造做法	使用部位	备注
内墙装修	①	耐擦洗涂料	树脂乳液涂料两道饰面 封底漆1道（封底漆干燥后再做面涂） 刮腻子3遍，打磨平整 6mm厚1:2.5水泥砂浆抹平 8mm厚1:1:6水泥石灰膏砂浆中层，刮平扫毛或扫出纹道 3mm厚外加剂专用砂浆底面刮糙或专用界面剂甩毛（抹前先将墙面用水湿润） 基层处理	所有内墙面	内墙构造做法参见《国家电网公司输变电工程标准工艺（六）标准工艺设计图集》7页0101010102内墙涂料墙面3
顶棚	①	耐擦洗涂料顶棚	树脂乳液涂料面层2道（每道间隔2h） 封底漆1道（干燥后再做面涂） 3mm厚1:0.5:2.5水泥石灰膏砂浆找平 5mm厚1:0.5:3水泥石灰膏砂浆打底扫毛或划出纹道 刷素水泥浆1道（内掺建筑胶） 钢筋混凝土板，界面剂清除表面污渍	所有顶棚	顶棚构造做法参见《国家电网公司输变电工程标准工艺（六）标准工艺设计图集》20页0101010400涂料顶棚2
踢脚	①	水泥砂浆踢脚	8mm厚1:2.5水泥砂浆抹光 12mm厚1:3水泥砂浆打底并划出纹道 素水泥浆1道	所有踢脚	踢脚构造做法参见《国家电网公司输变电工程标准工艺（六）标准工艺设计图集》11页0101010300踢脚1

表D-7　　　　消防小室

类别	编号	类型	构造做法	使用部位	备注
屋面	①	钢筋混凝土屋面（Ⅱ级防水）	40mm厚C20细石混凝土内配ϕ4钢筋中距150 干铺聚酯纤维无纺布1层 10mm厚低强度等级砂浆隔离层 1.5mm厚合成高分子防水卷材1道 20mm厚1:3水泥砂浆找平 100mm厚挤塑聚苯板 20mm厚1:3水泥砂浆找平 现浇钢筋混凝土板，表面清扫干净（建筑找坡）	所有屋面	屋面做法参见12J201 A3 d（厚度经计算确定） 要求保温材料燃烧性能为B1级，保温材料吸水率＜2%
地面	①	水泥砂浆地面	20mm厚1:2.5水泥砂浆（内掺抗裂纤维或水泥纤维布），分3次原浆压光成面 水泥浆1遍（内掺建筑胶） 80mm厚C20混凝土垫层，内配双向ϕ6@200钢筋网 素土夯实	所有房间	楼地面构造做法参见《国家电网公司输变电工程标准工艺（六）标准工艺设计图集》 18页0101010307水泥砂浆地面1
外墙	①	真石漆外墙	涂刷罩面剂 喷涂石头漆骨料2层 喷涂抗碱封底漆1遍 抗裂柔性耐水腻子刮平 3～4mm厚抗裂砂浆，将耐碱玻璃纤维网布1层埋入砂浆中 40mm厚聚苯颗粒保温砂浆分层抹面 6mm厚1:2.5水泥砂浆找平 9mm厚1:3水泥砂浆中层，刮平扫毛或扫出纹道 3mm厚外加剂专用砂浆底面刮糙或专用界面剂甩毛（抹前先将1墙面用水湿润） 基层处理	所有外墙面	外墙构造做法参见《国家电网公司输变电工程标准工艺（六）标准工艺设计图集》30页0101010703外墙真石漆3 保温材料采用XPS挤塑聚苯板的需根据国标相应修改

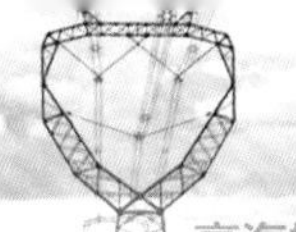

续表

类别	编号	类型	构造做法	使用部位	备注
外墙	②	面砖外墙	1:1 水泥砂浆勾缝 混凝土界面处理剂，增强粘结力 贴 8～10mm 厚外墙蘑菇石砖，在砖粘贴面上随贴随涂刷 1 层 5mm 厚聚合物抗裂砂浆并做出平整麻面 热镀锌金属丝网（四角电焊网或六角编织网）利用塑料锚栓（每平方米不少于 5 根）将其与基层墙体锚固 5mm 厚聚合物抗裂砂浆 40mm 厚聚苯颗粒保温砂浆分层抹面 6mm 厚 1:2.5 水泥砂浆找平 9mm 厚 1:3 水泥砂浆中层，刮平扫毛或扫出纹道 3mm 厚外加剂专用砂浆底面刮糙或专用界面剂甩毛（抹前先将 1 墙面用水湿润） 基层处理	勒脚处外墙面	外墙构造做法参见《国家电网公司输变电工程标准工艺（六）标准工艺设计图集》24 页 0101010701 外墙贴砖墙面 3 规格 300mm × 150mm 保温材料采用 XPS 挤塑聚苯板的需根据国标相应修改
内墙装修	①	耐擦洗涂料	树脂乳液涂料两道饰面 封底漆 1 道（封底漆干燥后再做面涂） 刮腻子 3 遍，打磨平整 6mm 厚 1:2.5 水泥砂浆找平 8mm 厚 1:1:6 水泥石灰膏砂浆中层，刮平扫毛或扫出纹道 3mm 厚外加剂专用砂浆底面刮糙或专用界面剂甩毛（抹前先将 1 墙面用水湿润） 基层处理	所有内墙面	内墙构造做法参见《国家电网公司输变电工程标准工艺（六）标准工艺设计图集》7 页 0101010102 内墙涂料墙面 3
顶棚	①	耐擦洗涂料顶棚	树脂乳液涂料面层 2 道（每道间隔 2h） 封底漆 1 道（干燥后再做面涂） 3mm 厚 1:0.5:2.5 水泥石灰膏砂浆找平 5mm 厚 1:0.5:3 水泥石灰膏砂浆打底扫毛或划出纹道 刷素水泥浆 1 道（内掺建筑胶） 钢筋混凝土板，界面剂清除表面污渍	所有顶棚	顶棚构造做法参见《国家电网公司输变电工程标准工艺（六）标准工艺设计图集》20 页 0101010400 涂料顶棚 2
踢脚	①	水泥砂浆踢脚	8mm 厚 1:2.5 水泥砂浆抹光 12mm 厚 1:3 水泥砂浆打底并划出纹道 素水泥浆 1 道	所有踢脚	踢脚构造做法参见《国家电网公司输变电工程标准工艺（六）标准工艺设计图集》11 页 0101010300 踢脚 1

表 D-8　　生活消防水泵房及富氧设备间

类别	编号	类型	构造做法	使用部位	备注
屋面	①	钢筋混凝土屋面（I 级防水）	40mm 厚 C20 细石混凝土内配 $\phi4$ 钢筋中距 150 干铺聚酯纤维无纺布 1 层 10mm 厚低强度等级砂浆隔离层 1.5mm 厚合成高分子防水卷材 2 道 20mm 厚 1:3 水泥砂浆找平 100mm 厚挤塑聚苯板 20mm 厚 1:3 水泥砂浆找平 现浇钢筋混凝土板，表面清扫干净（建筑找坡）	所有屋面	屋面做法参见 12J201 A3 d（厚度经计算确定） 要求保温材料燃烧性能为 B1 级，保温材料吸水率<2%

续表

类别	编号	类型	构造做法	使用部位	备注
地面	①	水泥砂浆地面	20mm 厚 1:2.5 水泥砂浆（内掺抗裂纤维或水泥纤维布），分 3 次原浆压光成面 水泥浆 1 遍（内掺建筑胶） 80mm 厚 C20 混凝土垫层，内配双向 $\phi6$@200 钢筋网 素土夯实	所有房间	楼地面构造做法参见《国家电网公司输变电工程标准工艺（六） 标准工艺设计图集》 18 页 0101010307 水泥砂浆地面 1
外墙	①	真石漆外墙	涂刷罩面剂 喷涂石头漆骨料 2 层 喷涂抗碱封底漆 1 遍 抗裂柔性耐水腻子刮平 3～4mm 厚抗裂砂浆，将耐碱玻璃纤维网布 1 层埋入砂浆中 40mm 厚聚苯颗粒保温砂浆分层抹面 6mm 厚 1:2.5 水泥砂浆找平 9mm 厚 1:3 水泥砂浆中层，刮平扫毛或扫出纹道 3mm 厚外加剂专用砂浆底面刮糙或专用界面剂甩毛（抹前先将 1 墙面用水湿润） 基层处理	除勒脚外所有外墙面	外墙构造做法参见《国家电网公司输变电工程标准工艺（六） 标准工艺设计图集》 30 页 0101010703 外墙真石漆 3 保温材料采用 XPS 挤塑聚苯板的需根据国标相应修改
	②	面砖外墙	1:1 水泥砂浆勾缝 混凝土界面处理剂，增强粘结力 贴 8～10mm 厚外墙蘑菇石砖，在砖粘贴面上随贴随涂刷 1 层 5mm 厚聚合物抗裂砂浆并做出平整麻面 热镀锌金属丝网（四角电焊网或六角编织网）利用塑料锚栓（每平方米不少于 5 根）将其与基层墙体锚固 5mm 厚聚合物抗裂砂浆 40mm 厚聚苯颗粒保温砂浆分层抹面 6mm 厚 1:2.5 水泥砂浆找平 9mm 厚 1:3 水泥砂浆中层，刮平扫毛或扫出纹道 3mm 厚外加剂专用砂浆底面刮糙或专用界面剂甩毛（抹前先将 1 墙面用水湿润） 基层处理	勒脚处外墙面	外墙构造做法参见《国家电网公司输变电工程标准工艺（六） 标准工艺设计图集》 24 页 0101010701 外墙贴砖墙面 3 规格 300mm × 150mm 保温材料采用 XPS 挤塑聚苯板的需根据国标相应修改
内墙装修	①	耐擦洗涂料	树脂乳液涂料两道饰面 封底漆 1 道（封底漆干燥后再做面涂） 刮腻子 3 遍，打磨平整 6mm 厚 1:2.5 水泥砂浆找平 8mm 厚 1:1:6 水泥石灰膏砂浆中层，刮平扫毛或扫出纹道 3mm 厚外加剂专用砂浆底面刮糙或专用界面剂甩毛（抹前先将 1 墙面用水湿润） 基层处理	所有内墙面	内墙构造做法参见《国家电网公司输变电工程标准工艺（六） 标准工艺设计图集》 7 页 0101010102 内墙涂料墙面 3

续表

类别	编号	类型	构造做法	使用部位	备注
顶棚	①	耐擦洗涂料顶棚	树脂乳液涂料面层2道(每道间隔2h) 封底漆1道（干燥后再做面涂） 3mm厚1:0.5:2.5水泥石灰膏砂浆找平 5mm厚1:0.5:3水泥石灰膏砂浆打底扫毛或划出纹道 刷素水泥浆1道（内掺建筑胶） 钢筋混凝土板，界面剂清除表面污渍	所有顶棚	顶棚构造做法参见《国家电网公司输变电工程标准工艺（六）标准工艺设计图集》20页0101010400涂料顶棚2
踢脚	①	水泥砂浆踢脚	8mm厚1:2.5水泥砂浆抹光 12mm厚1:3水泥砂浆打底并划出纹道 素水泥浆1道	所有踢脚	踢脚构造做法参见《国家电网公司输变电工程标准工艺（六）标准工艺设计图集》11页0101010300踢脚1

表D-9　SVC 阀 室

类别	编号	类型	构造做法	使用部位	备注
屋面	①	钢筋混凝土屋面（I级防水）	40mm厚C20细石混凝土内配ϕ4钢筋中距150 干铺聚酯纤维无纺布1层 10mm厚低强度等级砂浆隔离层 1.5mm厚合成高分子防水卷材2道 20mm厚1:3水泥砂浆找平 100mm厚挤塑聚苯板 20mm厚1:3水泥砂浆找平 现浇钢筋混凝土板，表面清扫干净（建筑找坡）	所有屋面	屋面做法参见12J201 A3 d（厚度经计算确定） 要求保温材料燃烧性能为B1级，保温材料吸水率＜2%
地面	①	环氧砂浆自流平地面	5mm厚环氧砂浆自流平面层 环氧稀胶泥1道 50mm厚C30细石混凝土，随打随抹光，强度达标后表面进行打磨或喷砂处理 水泥浆1遍（内掺建筑胶） 100mm厚C15混凝土 0.2mm厚塑料薄膜 150mm厚碎石夯入土中 素土夯实	所有房间	地面构造做法参见《国家电网公司输变电工程标准工艺（六）标准工艺设计图集》15页0101010304自流平地面1
外墙	①	真石漆外墙	涂刷罩面剂 喷涂石头漆骨料2层 喷涂抗碱封底漆1遍 抗裂柔性耐水腻子刮平 3～4mm厚抗裂砂浆，将耐碱玻璃纤维网布1层埋入砂浆中 40mm厚聚苯颗粒保温砂浆分层抹面 6mm厚1:2.5水泥砂浆找平 9mm厚1:3水泥砂浆中层，刮平扫毛或扫出纹道 3mm厚外加剂专用砂浆底面刮糙或专用界面剂甩毛（抹前先将1墙面用水湿润） 基层处理	除勒脚外所有外墙面	外墙构造做法参见《国家电网公司输变电工程标准工艺（六）标准工艺设计图集》30页0101010703外墙真石漆3 保温材料采用XPS挤塑聚苯板的需根据国标相应修改

续表

类别	编号	类型	构造做法	使用部位	备注
外墙	②	面砖外墙	1:1 水泥砂浆勾缝 混凝土界面处理剂，增强粘结力 贴 8～10mm 厚外墙蘑菇石砖，在砖粘贴面上随贴随涂刷 1 层 5mm 厚聚合物抗裂砂浆并做出平整麻面 热镀锌金属丝网（四角电焊网或六角编织网）利用塑料锚栓（每平方米不少于 5 根）将其与基层墙体锚固 5mm 厚聚合物抗裂砂浆 40mm 厚聚苯颗粒保温砂浆分层抹面 6mm 厚 1:2.5 水泥砂浆找平 9mm 厚 1:3 水泥砂浆中层，刮平扫毛或扫出纹道 3mm 厚外加剂专用砂浆底面刮糙或专用界面剂甩毛（抹前先将 1 墙面用水湿润） 基层处理	勒脚处外墙面	外墙构造做法参见《国家电网公司输变电工程标准工艺（六）标准工艺设计图集》25 页 0101010701 外墙贴砖墙面 3 规格 300mm × 150mm 保温材料采用 XPS 挤塑聚苯板的需根据国标相应修改
内墙装修	①	耐擦洗涂料	树脂乳液涂料两道饰面 封底漆 1 道（封底漆干燥后再做面涂） 刮腻子 3 遍，打磨平整 6mm 厚 1:2.5 水泥砂浆抹平 8mm 厚 1:1:6 水泥石灰膏砂浆中层，刮平扫毛或扫出纹道 3mm 厚外加剂专用砂浆底面刮糙或专用界面剂甩毛（抹前先将墙面用水湿润） 基层处理	所有内墙面	内墙构造做法参见《国家电网公司输变电工程标准工艺（六）标准工艺设计图集》7 页 0101010102 内墙涂料墙面 3
顶棚	①	耐擦洗涂料顶棚	树脂乳液涂料面层 2 道(每道间隔 2h) 封底漆 1 道（干燥后再做面涂） 3mm 厚 1:0.5:2.5 水泥石灰膏砂浆找平 5mm 厚 1:0.5:3 水泥石灰膏砂浆打底扫毛或划出纹道 刷素水泥浆 1 道（内掺建筑胶） 钢筋混凝土板，界面剂清除表面污渍	所有顶棚	顶棚构造做法参见《国家电网公司输变电工程标准工艺（六）标准工艺设计图集》20 页 0101010400 涂料顶棚 2
踢脚	①	水泥砂浆踢脚面覆环氧漆	环氧漆两道饰面（颜色同地面） 刮腻子 1 遍，打磨平整 8mm 厚 1:2.5 水泥砂浆抹光 10mm 厚 1:3 水泥砂浆打底并划出纹道 素水泥浆 1 道	所有踢脚	踢脚构造做法参见《国家电网公司输变电工程标准工艺（六）标准工艺设计图集》11 页 0101010300 踢脚 1

表 D-10　　警卫传达室

类别	编号	类型	构造做法	使用部位	备注
屋面	①	钢筋混凝土屋面（I 级防水）	40mm 厚 C20 细石混凝土内配 $\phi4$ 钢筋中距 150 干铺聚酯纤维无纺布 1 层 10mm 厚低强度等级砂浆隔离层 1.5mm 厚合成高分子防水卷材 2 道 20mm 厚 1:3 水泥砂浆找平 100mm 厚挤塑聚苯板 20mm 厚 1:3 水泥砂浆找平 现浇钢筋混凝土板，表面清扫干净（建筑找坡）	所有屋面	屋面做法参见 12J201 A3 d（厚度经计算确定） 要求保温材料燃烧性能为 B1 级，保温材料吸水率＜2%

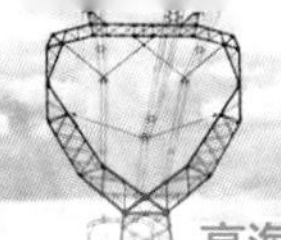

续表

类别	编号	类型	构造做法	使用部位	备注
地面	①	贴通体砖地面	10mm 厚防滑地砖铺实拍平，干水泥擦缝 30mm 厚干硬性水泥砂浆结合层，表面撒水泥粉 水胶比为 0.5 水泥砂浆 1 道（内掺建筑胶） 80mm 厚 C20 混凝土垫层，内配双向 ϕ6@200 钢筋网 素土夯实	值班室、卧室	地面构造做法参见《国家电网公司输变电工程标准工艺（六）标准工艺设计图集》13 页 0101010302 贴通体砖地面 1 规格 800mm × 800mm
	②	贴通体砖地面（有防水层）	10mm 厚防滑地砖铺实拍平，干水泥擦缝 30mm 厚干硬性水泥砂浆结合层，表面撒水泥粉 1.5mm 厚聚氨酯防水层（2 道） 1:3 水泥砂浆或最薄处 30mm 厚 C20 细石混凝土找坡层抹平（详见备注 2） 水胶比为 0.5 水泥砂浆 1 道（内掺建筑胶） 80mm 厚 C20 混凝土垫层，内配双向 ϕ6@200 钢筋网 素土夯实	卫生间、厨房	备注 1：地面构造做法参见标准工艺（六）标准工艺设计图集 13 页 0101010302 贴通体砖地面 2 备注 2：找坡层＜30mm 厚时用 1:3 水泥砂浆；≥30mm 时用 C20 细石混凝土找坡； 规格 300mm × 300mm
外墙	①	真石漆外墙	涂刷罩面剂 喷涂石头漆骨料 2 层 喷涂抗碱封底漆 1 遍 抗裂柔性耐水腻子刮平 3～4mm 厚抗裂砂浆，将耐碱玻璃纤维网布 1 层埋入砂浆中 40mm 厚聚苯颗粒保温砂浆分层抹面 6mm 厚 1:2.5 水泥砂浆找平 9mm 厚 1:3 水泥砂浆中层，刮平扫毛或扫出纹道 3mm 厚外加剂专用砂浆底面刮糙或专用界面剂甩毛（抹前先将墙面用水湿润） 基层处理	除勒脚外所有外墙面	外墙构造做法参见《国家电网公司输变电工程标准工艺（六）标准工艺设计图集》30 页 0101010703 外墙真石漆 3 保温材料采用 XPS 挤塑聚苯板的需根据国标相应修改
	②	面砖外墙	1:1 水泥砂浆勾缝 混凝土界面处理剂，增强粘结力 贴 8～10mm 厚外墙蘑菇石砖，在砖粘贴面上随贴随涂刷 1 层 5mm 厚聚合物抗裂砂浆并做出平整麻面 热镀锌金属丝网（四角电焊网或六角编织网）利用塑料锚栓（每平方米不少于 5 根）将其与基层墙体锚固 5mm 厚聚合物抗裂砂浆 40mm 厚聚苯颗粒保温砂浆分层抹面 6mm 厚 1:2.5 水泥砂浆找平 9mm 厚 1:3 水泥砂浆中层，刮平扫毛或扫出纹道 3mm 厚外加剂专用砂浆底面刮糙或专用界面剂甩毛（抹前先将墙面用水湿润）	勒脚处外墙	外墙构造做法参见《国家电网公司输变电工程标准工艺（六）标准工艺设计图集》25 页 0101010701 外墙贴砖墙面 3 规格 300mm × 150mm 保温材料采用 XPS 挤塑聚苯板的需根据国标相应修改

续表

类别	编号	类型	构造做法	使用部位	备注
内墙装修	①	耐擦洗涂料	树脂乳液涂料两道饰面 封底漆1道（封底漆干燥后再做面涂） 刮腻子3遍，打磨平整 6mm厚1:2.5水泥砂浆抹平 8mm厚1:1:6水泥石灰膏砂浆中层，刮平扫毛或扫出纹道 3mm厚外加剂专用砂浆底面刮糙或专用界面剂甩毛（抹前先将墙面用水湿润） 基层处理	值班室、卧室	内墙构造做法参见《国家电网公司输变电工程标准工艺（六）标准工艺设计图集》7页0101010102内墙涂料墙面3
	②	瓷砖墙面	5mm厚釉面砖，白水泥浆擦缝 4mm厚强力胶粉泥粘结层，揉挤压实 1.5mm厚聚合物水泥基复合防水涂料防水层 9mm厚1:3水泥砂浆打底压实抹平 素水泥浆1道甩毛（内掺建筑胶） 基层处理	卫生间、厨房	内墙构造做法参见《国家电网公司输变电工程标准工艺（六）标准工艺设计图集》8页0101010103内墙贴瓷砖墙面4 规格600mm×300mm
顶棚	①	耐擦洗涂料顶棚	树脂乳液涂料面层2道（每道间隔2h） 封底漆1道（干燥后再做面涂） 3mm厚1:0.5:2.5水泥石灰膏砂浆找平 5mm厚1:0.5:3水泥石灰膏砂浆打底扫毛或划出纹道 刷素水泥浆1道（内掺建筑胶） 钢筋混凝土板，界面剂清除表面污渍	值班室、卧室	顶棚构造做法参见《国家电网公司输变电工程标准工艺（六）标准工艺设计图集》20页0101010400涂料顶棚2
	②	铝扣板	铝扣板（烤漆） 轻钢龙骨吊顶 钢筋混凝土板，界面剂清除表面污渍	卫生间、厨房	顶棚构造做法参见《国家电网公司输变电工程标准工艺（六）标准工艺设计图集》21页0101010403吊顶顶棚（铝扣板）1 规格300mm×300mm
踢脚	①	瓷砖踢脚	120mm搞面砖成品踢脚板10mm厚 10mm厚1:2水泥砂浆粘贴 界面剂1道	除卫生间与厨房外，贴地砖的房间	踢脚构造做法参见《国家电网公司输变电工程标准工艺（六）标准工艺设计图集》11页0101010300面砖踢脚板4

附录E　全站色彩一览表

表E-1　　全站色彩一览表

名称	劳尔色卡号	使用范围
藏红色	RAL3016	女儿墙，围墙，局部外墙，窗楣，局部压型钢板等装饰造型处
米白色	RAL9016	石头漆外墙，乳胶漆内墙，乳胶漆顶棚，面砖内墙，地砖地面，防腐聚氨酯面漆，所有内墙及屋面压型钢板，局部外墙压型钢板
深灰色	RAL7043	所有外门
浅灰色	RAL7036	蘑菇石面砖部分外墙，环氧砂浆自流平地面
黄色	RAL1011	所有内门

参 考 文 献

[1] 蔡玲．析藏式传统建筑［J］．中外建筑，2006（3）：59－60．

[2] 芮潇．浅谈西藏传统建筑室内装饰风格特征［J］．美与时代（上旬刊），2013（12）：68－69．

[3] 贾中．藏式建筑研究［D］．武汉：武汉理工大学，2002．

[4] 邓传力，魏琴，蒙乃庆．西藏传统园林历史沿革探讨［J］．安徽农业科学，2011（21）：13042－13044．

[5] 李宁，胡斌．藏南谷地传统建筑材料与营造工艺浅析［J］．西部人居环境学刊，2013（1）：71－75．

[6] 马扎・索南周扎．藏式建筑与藏族文化［J］．建筑，2015（18）：65－68．

[7] 黄彬．现代藏式建筑的一种尝试——西藏博物馆［J］．新建筑，2000（5）：27．

[8] 罗小未．外国近现代建筑史［M］．北京：中国建筑工业出版社，2004．

[9] 李加林．西方建筑史［M］．武汉：长江文艺出版社，2010．

[10] 戴志中，等．混凝土与建筑［M］．济南：山东科学技术出版社，2004．

[11] 夏娃．建筑艺术简史［M］．合肥：合肥工业大学出版社，2006．

[12] 刘德华．工业建筑的发展趋势［J］．新建筑，2004（3）：19－21．

[13] 汪海霞．浅谈工业建筑结构设计［J］．建筑工程技术与设计，2017（13）：1360．

[14] 李悦，颜繁明．城市变电站建筑设计的发展趋势［J］．黑龙江科技信息，2009（30）：317．

[15] 王永祥，章雪儿．建筑节能工程施工［M］．南昌：江西科学技术出版社，2009．

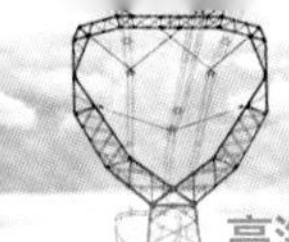

索 引

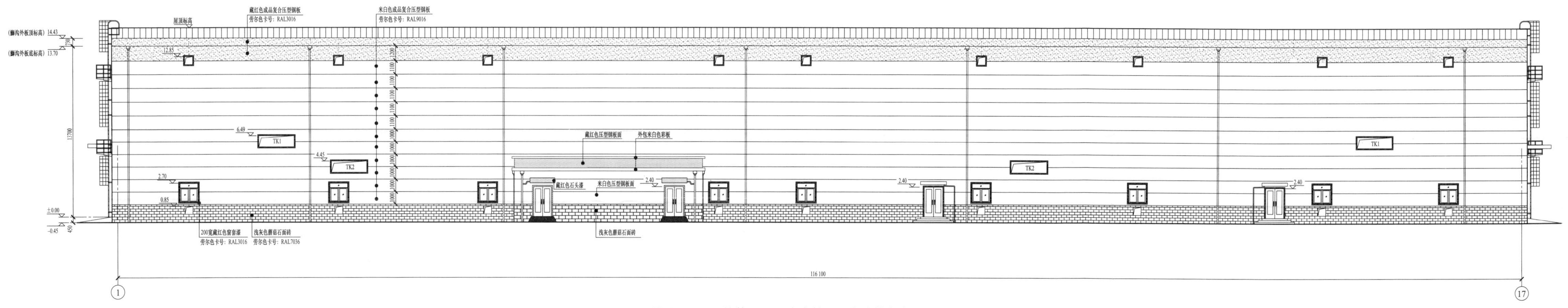

图 4.2-97　林芝500kV变电站GIS室建筑主立面图

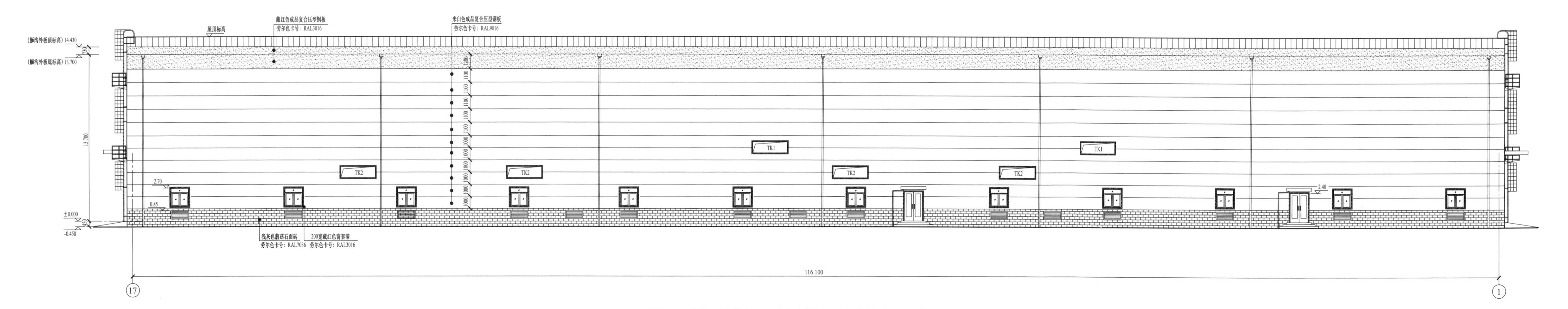

图 4.2-98　林芝500kV变电站GIS室建筑次立面图